JN256407

# トリュフの歴史

TRUFFLE: A GLOBAL HISTORY

ZACHARY NOWAK
ザッカリー・ノワク【著】
富原まさ江【訳】

原書房

目次

## 第5章　世界各地のトリュフ　101



## 第6章　トリュフの将来　129

［……］は翻訳者による注記である。

# 序章◉台所の宝石

## ◉トリュフとはなにか

哺乳類なのに卵を産むカモノハシや、光合成だけでなく虫を食べて栄養を得るハエトリグサはどの分類に当てはめようとしてもしっくりこない動植物だが、トリュフにも同じことが言える。だからこそ、何世紀にもわたってトリュフの定義は迷走を続けてきたのである。たとえば、古代ローマの博物学者、大プリニウスは1世紀にまとめた博物誌にこう記している。

なによりも驚嘆すべきことは、植物のなかには根を持たずに発生し、しかも枯れずにいるものがあるということだ。トリュフは秋雨(しゅうう)と頻繁(ひんぱん)な雷雨により発生する。発育にとりわけ影響をおよぼすのは雷だ。この不完全な大地の植物――そうとしか表現のしようがない――は果たして正常に生育するのか、そもそもこれは生物なのかそうでないのか、という疑問に私は容易に答えられない。

16世紀のドイツの植物学者ヒエロニムス・ボックは、トリュフの発生について大プリニウスと同様に誤った自説を展開している。「トリュフは草でも根でも花でも種でもない。土や樹木、または腐った木片の余剰水分から発生したものである」。19世紀初頭になると、トリュフへの理解はまだ完璧なものではないにせよ、少なくとも好ましいものとして受け止められるようになった。フランスの政治家で食通としても知られたジャン・アンテルム・ブリア＝サヴァランは、トリュフを「台所の宝石」と表現している。作曲家ロッシーニも同意見だったのだろう、トリュフを「キノコのモーツァルト」と呼んだ。

トリュフはキノコ――正確には菌類の子実体（しじつたい）――の一種だ。光合成はおこなわないが、大半のキノコは植物と同じく地上部と地下部で生育する。外皮膜（がいひまく）と呼ばれる保護層と基本体と呼ばれる胞子（ほうし）形成部分があり、その色や質感はさまざまだ。こうした色や質感の違いが、厖大（ぼうだい）な種類のなかからあるひとつのキノコを特定する最初の手がかりとなる。

厳密に言えば、すべてのトリュフは「生殖体」、つまり胞子を生み出す「子実体」だ。この胞子は子嚢（しのう）という小さな袋のなかにあり、じつに多様な形をしている（円形や楕円形、表面がでこぼこしたものや滑らかなもの等）。トリュフの種類を特定する第二段階は、顕微鏡での確認だ。外皮膜

黒い夏トリュフ

や胞子形成部分が一見よく似ていても、拡大してみれば子嚢内の胞子の数や形自体がかなり異なっていることがわかる。

キノコは胞子が風や生き物に運ばれることで繁殖する。子実体の大半は地上で繁殖するが、孤独を愛するキノコ、すなわちトリュフが繁殖するのは地下部分だ。木と共生し（これはほかのキノコ類でも見られる）、その根に寄生するのである。この関係は木にとってあまり得るものはないと考える菌類学者もいるが、いずれにせよ、木はトリュフが細い糸状の細胞を自分の根に巻きつけることを「容認する」。

網目の緩い手袋を想像してみてほしい。木の根っこと菌糸で編んだ手袋、つまりハルティヒネット（外菌根）を通して、木はトリュフに糖分などの栄養分を与える。お返しに、トリュフは細い糸状の細胞、つまり菌糸の網を広げて水分とミネラルを土中から吸収し、木にそれを取り込ませて根系を大きく成長させるのだ。この共生関係によってトリュフは地下の闇のなかでも生育でき、誰にも発見されずに枯れるまで地下に引っ込んでいられるのである。

ただし、あらゆる生命体は繁殖して生息地を広げる必要があり、植物の繁殖はその多くが動物を媒体としておこなわれる。トリュフと木の共生関係性に近いのは、種子植物とミツバチの関係だ。種子植物はミツバチに蜜を与え、ミツバチは花の蜜を吸うときに脚についた花粉を別の花に運ぶことで受粉がおこなわれる。また、蜜だけでなく甘いごちそう（果実）を動物がついばみ、その種を別の場所に運ぶ場合もある。種は動物の内臓を通過し、排泄物という有機肥料に包まれて別の、離

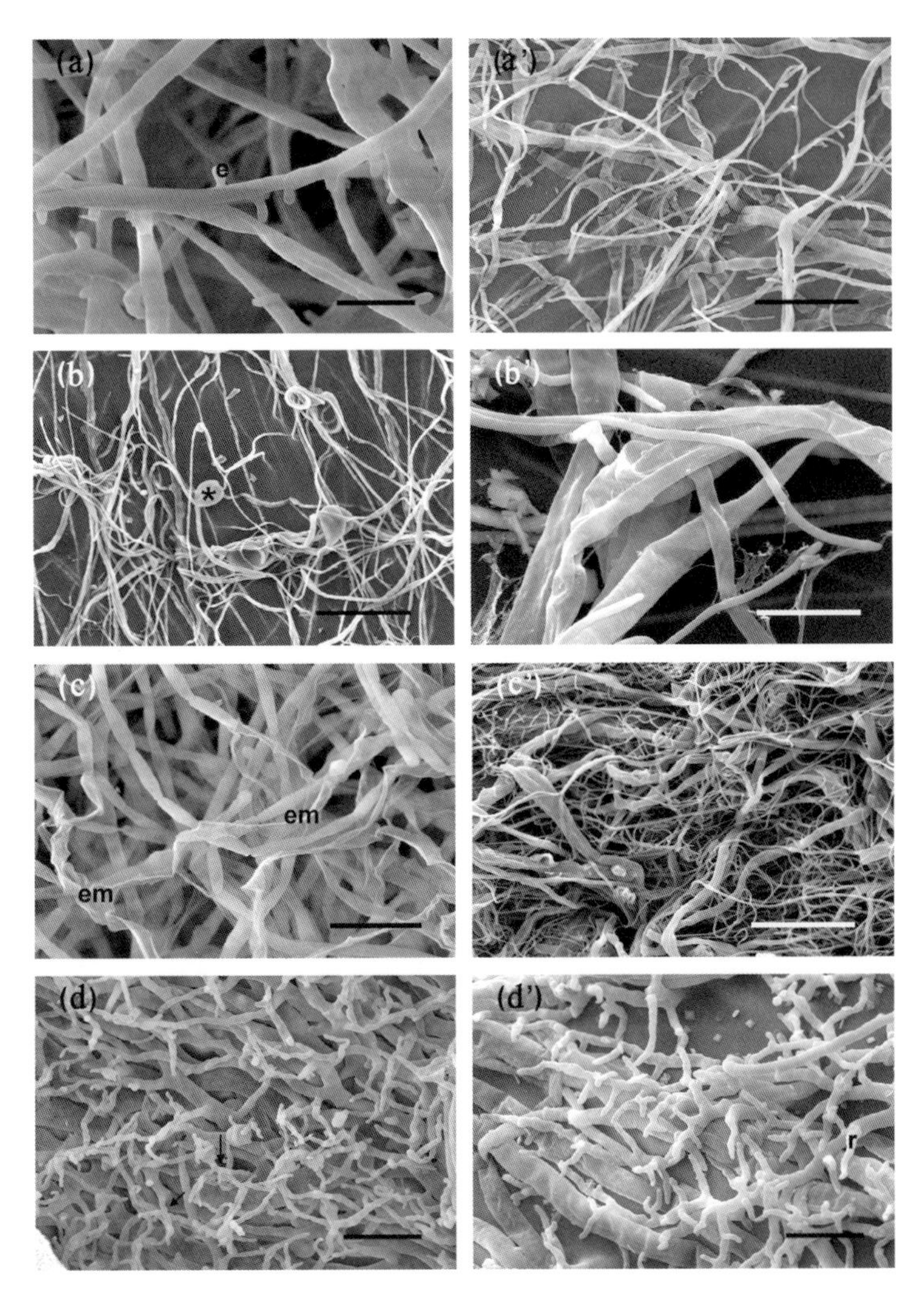


ビアンケットトリュフ（学名 *Tuber borchii*）の菌糸を走査型電子顕微鏡で捉えた写真

れた場所で堆積するのだ。

トリュフもまた動物を媒体として繁殖する。あの有名な独特の芳香は、いわば動物を魅了する香水である。胞子が熟すとトリュフは香りを放ち、菌食性の生物を呼び寄せる。生物はトリュフを掘り当てて食べ、数時間後に森の別の場所に胞子を堆積させるのだ。このような生物にはブタがいる。もっとも、ブタとトリュフという組み合わせはおなじみではあるものの、現在トリュフ採集にはブタよりも犬が重宝されている。しっかり訓練すれば探し当てたトリュフを食べずに人間に知らせ、代わりのごほうびで満足するという点で、犬はブタよりもすぐれているからだ。犬は人間の親友だとよく言われるが、トリュフの親友は「ホモ・サピエンス」だ。トリュフの外来種は１００年前には生息していなかった場所でも生育することがあるが、これを可能にしたのは人類なのである。

菌類を好むほかの生物と同じく、人間もその香りに惹きつけられる。本書では、トリュフが単にキノコの一種――それも異彩を放つ――から高級食材へと変化を遂げた過程を探っていく。トリュフの香りはありふれた品をごちそうに変え、その稀少性ゆえに今もなお高値の食材だ。この特別な食材を味わう機会を得た人々は、自分が特別な人間だという気分にさえなるのである。

世のなかの歴史書の大半は壮大な戦いと突出した指導者を中心に描いたものだが、トリュフの本は二種類のスーパースター、フランスのペリゴール産黒トリュフ（学名 *Tuber melanosporum*）とイタリアのアルバ産白トリュフ（学名 *Tuber magnatum*）を取り上げることが多い。しかし、トリュフ全体の歴史を紐解くならばあらゆる種を取り上げるべきだろう。本書ではふたつのスーパースター

トリュフ犬ソール

以外の種にも触れながら、アメリカ大陸や第三世界に出会ったヨーロッパの、数世紀にわたる食文化の変遷についても追っていく。

フランス人はトリュフについて「大いなる謎（la grande mystique）」という言葉をよく使う。トリュフの謎といえば、かつては「（1）トリュフとはなにか？（2）どうやって生育するのか？（3）なぜ人工栽培ができないのか？」というものだった。今は科学が発達し、こうした疑問の大半に答えが出ている。すなわち（1）トリュフとは地下生菌類（ちかせいきん）の子実体だ。（2）胞子を成熟させて菌食性の生物を引き寄せ、胞子を拡散させて生育する。（3）今では人工栽培可能なトリュフもある。

現代ではトリュフにまつわる疑問は変化した。その典型が、「われわれはトリュフをどう扱うべきか？」というものだ。自然にまかせ、犬を連れた老人が晩秋に森で採集するにとどめるべきなのか、それとも人工栽培の方法を精力的に開発するべきなのか？　もし自然にまかせるのであれば、トリュフを食卓で拝めるのはごく一部のグルメだけという状況は変わらない。トリュフはヨーロッパで誕生した種と――法的に――定義するべきか、それとも北アメリカとアジアの地下生菌の子実体も「トリュフ」と見なしてよいのだろうか？　なぜ地味でありふれた存在のはずのキノコが高級食材として需要が高まり、懐かしい農村と国際化する未来の両方を象徴する存在になったのだろう？

本書『トリュフの歴史』ではこうした疑問ひとつひとつにスポットライトを当て、謎に迫っていく。

# 第1章◉砂漠のトリュフ

## ◉アムル人最後の王ジムリ・リム

文献によるトリュフの歴史は、地下生のキノコとはおよそ結びつかない場所——砂漠から始まった。この初期の記録からは、謎に満ちた食材であるトリュフに向けられたさまざまな見解——好意的なものもそうでないものも——が読みとれる。トリュフはときの君主の心を大いに揺さぶったが、同時に「蛮族」と「文明化された」同胞との違いを象徴する存在でもあった。

砂塵が舞うシリアの一画、イラク国境から北に50キロほど離れたユーフラテス川東岸に大きな丘がある。考古学者は平坦な土地に丘があるとがぜん色めき立つが、それは少し掘っただけで古代帝国の遺物のかけらが見つかる可能性が高いからだ。遺物がありそうな丘は「見ればピンとくる」という。

シリア東部の丘テル・ハリリの発掘は、地元のベドウィンが頭部の欠けた彫像を発見したことを受けて１９２０年代に着手されている。当時シリアを委任統治下に置いていたフランスは、滅亡に追いやられ、その後焼き払われたとされるこの大都市の遺物を公開した。瓦礫（がれき）からは楔形（くさびがた）文字でアッカド語の書かれた大量の粘土板が見つかり、１９３０年代後半にはその大半が転写・翻訳された。この都市は名前をマリといい、小さな都市国家の中心地だった。

住民は当時の近東地域では有名な存在で、シュメール人は彼らをマルトゥと名づけ、イスラエル人はこの隣国の民をアモリと呼んだ。現代の考古学者はアムル人という呼称を使っている。彼らはかなりの乱暴者だったようだ。元来は遊牧民の戦士で、のちにジェベル・ビシュリ山付近に定住している。ただし、定住したからといってアムル人の蛮行が収まったわけではない。彼らは近隣地域を頻繁に襲い、そのなかにはユーフラテス川下流の強国バビロニアも含まれていた。

紀元前１７８０年から１７６０年に在位したアムル人最後の王はジムリ・リムといい、発見された粘土板の多くはこの王にまつわるものだ。焼成（しょうせい）粘土に書かれた彼の書簡には、納税、都市近郊の人口調査、友好国および敵対国との関係など、古代帝国が執りおこなっていた、よくある煩雑な仕事についてこまごまと書かれている。さらに、この大量の文書からは王の人間味あふれる一面も垣間見える。妻である女王のワイン代を増やすように要求したり、強大な同盟国バビロンのハンムラビ王の奇妙な夢を見たがどう解釈すべきかとお抱えの予言者に尋ねたり、トリュフについての不満を述べたりしているのだ。

「XIV.35」と分類された粘土板は、ジムリ・リムから叱責の書簡を受け取ったと思われる役人ヤッキム・アドゥの返信だ。

5日前にサガラトゥム地区に到着してから、わが王にトリュフを送り続けてまいりました。王は「質が悪すぎる!」と仰せです。しかしながら、私にお怒りになっても困ってしまいます。私はここで採集されたものをお送りしているだけなのですから。

ジムリ・リムはどうやらトリュフにうるさかったらしい。この宮殿遺跡で見つかったほかの粘土板にも、トリュフについての記述がある。書いたのは、テルカという都市の長であったキブリ・ダガンだ。

これから王にトリュフを届けさせるところだ。……トリュフひと箱と**〔人名と思われる〕から受け取った粘土板1枚、両方とも封をして王に送る。

もっとも、王は美食を堪能する以上に外交に時間を費やしていたと思われる。紀元前1760年頃、彼はかつて同盟関係にあったハンムラビと敵対する。お抱えの予言者たちはすでにこのことを予知しており、バビロニアの裏切りを王に告げていた。煤(すす)けた粘土板が大量に発見されてもなお、

シリアでキマ（トリュフ）を掘るベドウィンの女性と少年（1939年）

多くの謎は残る。たとえば、ハンムラビがマリを征服したのちの王の運命だ。ただし、これについてはある専門家が「好ましくないもの」だったようだと遠まわしに述べている。また、マリ陥落の前に王が最後にとった食事はなんだったのだろうか。あれだけトリュフへの思い入れの強かったことを考えれば、最後の食卓をも飾っていたかもしれない。

トリュフは野蛮さの象徴だと考える征服者たちにとって、アムル人との戦いの結果は神の裁きだった。チグリス・ユーフラテス川のあいだの肥沃なバビロニア帝国の住人は、農業を拒絶し続ける粗野な蛮族として長年アムル人を問題視していたのだ。バビロニア人にとって、農業を拒絶するのは文明そのものを拒絶するに等しい。

アムル人に対する恐怖は形を変え、「マルトゥの結婚」という物語にもなっている。このなかで、アジャール・キドグというバビロニアの少女はアムル人の主神であるマルトゥとの結婚を望む。だが、少女の女友達は、テントや山で暮らすアムル人など「サル同然」だといって結婚を思い止まらせようとするのだ。さらに、マルトゥ（ひいてはアムル人）の原始的な食習慣を辛辣（しんらつ）に批判する。「マルトゥは山に住んでいるわ。そこが神々のお住まいになっている場所であることを無視して、山のふもとでトリュフを掘っている。膝の曲げ方（農耕）も知らないし、生肉を食べるのよ。ねえ、どうしてマルトゥなんかと結婚するの？」

古代、定住する農耕民族はすなわち文明人であり、文明人は畑や庭で採れたもの以外を口にする者を嫌う（と同時に恐れる）とされた。狩猟採集民、牧畜の民、その他の遊牧民は忌避（きひ）され、ひいてはトリュフなどの野生種も「野卑な食べ物だが味はよい」と思われればまだましで、いかにも怪しげな代物だと蔑（さげす）まれることもあった。

## ●古代ギリシアのトリュフ

古代ギリシアでは、文明化された人間と獣の違いについて共通の認識があった。それは、食物を野生のままでなく手を加えて食べるのが人間だという価値観だ。最もわかりやすい例はパンだろう。

パレルモ植物園にあるテオプラストスの像

人は小麦の種を蒔き、育て、収穫してパンを作る。これこそ人間の証というわけだ。古代ギリシアの吟遊詩人ホメロスにとって、「パンを食べる者」は「人間」と同義語だった。根菜や野生植物を主食にすることは貧しさの極みを意味する。しかし、食の価値が加工したものに置かれていたギリシアでも、貧民層はトリュフのように自生する植物を重宝していた。

トリュフにまつわる諸説がまことしやかにささやかれ始めたのは、ギリシアが発端ではないだろうか。諸説のひとつは媚薬としての使用だ。レウカスのフィロクセネスという著作家は、紀元前5世紀に書いた『酒宴 *Symposium*』のなかで、燃えさしの火で炙ったトリュフを食べると「好色な遊び」がしたくなる、とはっきり書いている。また、トリュフが採れるとされる場所や、そもそもトリュフとはなにかという当時の認識も、のちに判明した事実とは大きく異なっている。

古代で最も知的な民族に名を連ねるギリシア人は多種多様な発明を生み出したが、百科事典もそのひとつである。テオプラストス（紀元前371〜287年）の『植物誌 *Enquiry into Plants*』では、トリュフは「非常に複雑な自然現象で、根、茎、繊維、小枝、芽、葉、花を持たない奇妙この上ない植物のひとつ」であり、多くの種類があるとされた。

そのひとつをテオプラストスは「ミス（misu）」と呼び、現在のリビアのキュレネ近く、または「どこであれ地面に砂のあるところ」に生えると記している。繁殖については、トリュフには種があるかも知れず、いずれにせよ秋に雷が多いほど大量に発生するとある。本書でもこのあと触れるが、雷がトリュフの成長を助長するという説は、古代では広く信じられていた。

ギリシアの著作家すべてがトリュフに中立な立場をとっていたわけではない。詩人で医者のニカンドロスは紀元前185年頃、「人が通常キノコの名で呼ぶトリュフは、大地の邪悪な醱酵物である」と述べている。医者で植物学者のディオスコリデスが1世紀に著した薬用植物に関する書物（『マテリア・メディカ *De materia medica*』）にもトリュフに関する短い記述があるが、どうやらこれは別の植物と間違えて書かれたもののようだ。

彼はトリュフを「ヒドノン（hydnon）」と呼び、テオプラストスと同じく「表面が滑らかな植物」に分類した。さらに「丸く、白っぽく、黄色い根で、葉と茎はない。春に採集され、生食もでき、ゆでて食べてもよい」とつけ加えている。いま読むとなかなか興味深い記述だ。たしかに白トリュフは存在するが、「丸い」と「黄色」はあまり当てはまらない。ほとんどのトリュフは黒っぽく、形は丸と言えなくもないが、かなりでこぼこしていて皮を剝きにくい。

だが、トリュフの外見に関する記述は、ローマの著作家もギリシアの著作家と大差ない。大プリニウスはローマ時代の最も豪胆な博物誌家だ。彼が著した『博物誌 *Natural History*』という全37巻の不朽の名作のおかげで、私たちは紀元1世紀の自然界のすべてを知ることができる。トリュフの記述からは、大プリニウスがtuber（チュベル／ラテン語で「こぶ」の意味）と名づけたこの奇妙な地下生生物をなにに分類するか、古代の著作家たちが迷っているようすがうかがえる。

本書で先述した「秋の雷がトリュフの生産に影響する」という記述もあり、そのあとに続くのは「砂だらけのトリュフ」にまつわる内容だ。ここではトリュフの起源をうかがわせる逸話がくわしく紹介されている。大プリニウスの友人がトリュフをかじると、なかにデナリウス銀貨（古代ローマの硬貨）が入っていて、友人の前歯はあやうく折れるところだった。大プリニウスはこの一件を「トリュフが間違いなく土の塊（かたまり）だという証拠」と捉えている。

## ●砂漠のトリュフ

大プリニウスの記述で最も印象的なのは、トリュフが黄色くて滑らかだというだけでなく、その原産地にも触れていることだ。彼によれば、トリュフの原産地はイタリア半島の山々ではなく「アフリカ」だという。古代ローマ時代の「アフリカ」とは、北アフリカの地中海沿岸地域、現在のリビアとチュニジアのことだ。少しあとの時代の風刺詩人ユウェナリスも、風刺詩集のなかでトリュフとアフリカに言及した。詩集にはローマの宴の場でひとりの大食家が登場する。当時ローマで消費される穀物の大半は北アフリカから輸入していたことについて話したあと、男はこう叫ぶのだ。

「リビアよ、穀物は自国のためにとっておくがいい！　牛をくびきから解放するがいい。ただし、トリュフはローマに運び入れよ！」

　トリュフに関する誤認と思われる内容――黄色で表面が滑らかで、砂のなかで生育するという記述（実際には茶色でごつごつして、森林のしめった土のなかで生育する）――が存在するのは、ジムリ・リムに始まりユウェナリスに至る古代の著作家が、トリュフと思いこんで別の植物のことを書いたからだと思われる。現在、ヨーロッパの市場で出まわっているトリュフ――あの「チュベル」属だ――は、地中海沿岸の東部および南部の砂が舞う地域ではなく、湿気の多い北部で採れる。古代ローマ人は地中海を「われらが海（マーレ・ノストラム）」と呼んだ。彼らが全地中海を支配していたことがうかがえる言葉だ。

　しかし、古代に登場するトリュフのほとんどはテルフェジア（*Terfezia*）属だ。かの有名なチュベル属のトリュフに似ているが収穫量ははるかに多く、そのため価格も安い。現在のヨーロッパではほとんど知られていないが、モロッコからアラビア半島までのイスラム圏では広く食されている。テルフェジア属は森では生育せず、チュベル属と類似の共生関係を持つ。違うのは、共生相手が樹木ではなく草本だということだ。砂漠のトリュフとの共生関係が最も密なのはハンニチバナ科の草

クウェートで砂漠のトリュフ（*Terfezia arenaria*）を売る男性

4世紀頃、ローマの都市サブラタ（現在のリビア）の遺跡から見つかったモザイク画。緑の葉はついているが——おそらく美的観点からつけ加えられたのだろう——ここに書かれているのは砂漠のトリュフだと思われる。

本で、現在北アフリカと中東ではトリュフはこの植物の下に生育している。この植物の周囲の地面が乾いてひび割れていたら、その地下にトリュフがあるという目印だ。

砂漠のトリュフを食べてみると、古代の記述がいかに正確だったかがわかる。砂漠のトリュフは北で採集される種類よりも滑らかで形も均一、色は濃い黄色だ。内側に砂が入り込んでいることも多く、調理前にはよく洗わなくてはならない。かの有名なアルバ産白トリュフともなれば約450グラムで1000ドルはするが、砂漠のトリュフは同じ量で20～30ドルだ。香りもあまり強くないので、風味づけというよりは野菜として用いるのに向いている。

古代、栽培種ではなく自生植物を食べる民族への偏見は、ギリシアよりもローマでのほうが強かった。ローマ人の考える食の地図は3つに分割されていた。まず、ラテン語のキウィタス（civitas）、いわゆる都市部。綴りが似ていることからもわかるように、ローマ人にとって都市とは文明化（civilized）された生活や食事ができる場所だった。都市部の先にはアゲル（ager）、すなわち畑があり、小作人や奴隷がいわゆる地中海の三大産物（パン、ワイン、オリーブオイルの原料となる小麦・ブドウ・オリーブ）を、そして野菜園ではほかの作物も栽培していた。

その畑と野菜園の外側はサルトゥス（saltus）、つまり森だ。古代ローマの一般的な食の価値観では、森や沼地は動物と獣同然の人間――動物や魚を捕らえ、トリュフのように「自生する野菜」を採集する野蛮人――の住む場所だった。もちろん、当時の価値観の大半が実際の生活と一致していたわけではない。小作人はしばしばサルトゥスで手に入れた植物で腹を満たしていたが、そのなかには上流階級層のテーブルを飾っていたものもある。また、北アフリカのトリュフを食べていたのは裕福な人々だった。もっとも、スパイスを加えてトリュフを「高尚な食べ物」に仕立てたことは言うまでもない。

スパイスをふんだんに使った料理といえばまず中世が思い浮かべられるが、最初に遠路はるばるスパイスを輸入したのはローマ帝国である。帝国の銀貨がスパイスと引きかえにみるみる消えていく、と国を憂える者もいたが――たとえば大プリニウスは1年間に1億セステルス［古代ローマの貨幣単位］を消費したという――富裕層は概して一般的なスパイス、とくにコショウを好んだ。ローマの富豪は晩餐会に供する料理によって財力を誇示した。フラミンゴの舌や卵巣を除去したブタなど奇異なものを出すこともあれば、食材は質素ながら異国のスパイスで味つけした料理を出すこともあったようだ。

## ◉コショウと黄胆汁

トリュフにまつわるローマの食習慣を理解するには、スパイスの役割や人体の健康を左右する体液の論理を理解しなければならない。現在トリュフは料理の風味づけに使われているが、古代ローマの上流階級層は、砂漠のトリュフ（サルトゥスで生育したもの）はスパイスを用いて「文明的な」食物に変える必要があると考えていた。この時代の最も有名な料理書『料理大全 *De re coquinaria*』に、当時の食文化の一端がみてとれる。もっとも、この料理書自体が謎といえば謎だ。著者は「アピシウス」なる人物だというのが定説だが、事実かどうかは疑わしい。たしかに、1世紀のローマ貴族で美食家としても有名だったマルクス・ガビウス・アピシウスという人物は存在した。しかし、この料理書のレシピは4世紀後半か5世紀初頭に作者不詳で書かれたと思われるのだ。

『料理大全』にはトリュフのレシピが6つ含まれている。最初の料理名はシンプルに「チュベラ（トリュフの意）」。調理法は、まず皮をこすり落としてから湯通しし、串に刺して軽く焼く。「その後、油、スープ、煮つめたワイン、ワイン、コショウ、ハチミツを入れた鍋にトリュフを加える。よく熱したらトリュフを取り出し、スープにルーを加えてとろみをつけ、トリュフをきれいに飾って供する」。

このレシピは明らかに富裕層向けの料理だ。当時非常に高価だったコショウが『料理大全』のレシピの85パーセントに使われているからというだけでなく、これは非常に手の込んだ料理であるからだ。

ファストフードは比較的近年の「料理の堕落」といわれるが、古代ローマ時代にはすでに貧困層の多くが外で食事をし、近くの店で揚げたハチミツケーキやソーセージを食べていた。こうした飲食店跡はポンペイの廃墟で現在も見ることができる。街角に立つ飲食店はテルモポリウムと呼ばれ、カウンターには食物を貯蔵するアンフォラという大きな容器が埋め込まれていた。当時、ワインを煮つめたりトリュフを焼いたりできるような台所のある家庭は、非常に限られていたのである。

『料理大全』がいつ書かれたかを考えると、この本には西ヨーロッパでそれまでの数世紀のあいだに記されたトリュフにまつわる最後の文献が含まれているといえる。そのひとつが、紀元380年に初期キリスト教の教父である聖アンブロジウスが友人のフェリックスに宛てて「きみが送ってくれたトリュフの大きさに驚いた」と書いた手紙だ。彼はトリュフを友人たちに自慢げに見せ、自分の分を数個残して彼らにも分けたという。この時代は、まるでトリュフの菌糸が木の根に広がるようにキリスト教が帝国に深く根差して影響をおよぼし始めた時期だ。

キリスト教会は帝国の伝統を一部取り入れ、地中海の三大作物であるブドウ、小麦、オリーブを聖体祭儀の中心に据えた。ワインとパンはイエスの血と肉になり、塗油（とゆ）はオリーブオイルでおこなわれている。そうした食の価値観のなかには長く残ったものもあるが、帝国自体は長くは続かなかった。3世紀には数で勝るゲルマン民族の攻撃をいったんは退けたものの、5世紀に再び起こったゲルマン民族の侵入に屈したのである。473年、西ローマ帝国がいよいよ滅亡するとヨーロッパの食文化は変化した。ただし、なかにはそのまま引き継がれた食の伝統もある。

そのひとつが、消化は一種の「体内調理」であり、病気を予防するためにはバランスのよい食事をしなければならないというものだ。当時、人体には血液、粘液、黄胆汁（おうたんじゅう）、黒胆汁（こくたんじゅう）という4種類の体液があると考えられていた。そして、ひとつの食物を過剰摂取すると4種類の微妙なバランスが崩れ、病気になるとされていたのだ。血液は「熱・乾」、黒胆汁は「冷・湿」という具合に、体液にはそれぞれ性質がある。熱・冷・湿・乾の性質の食物を適切に組み合わせて体内に吸収すると、4体液も正しいバランスで保たれるというわけだ。また、食物は食べ合わせることで有害作用を中和するとされた。たとえば塩漬けハムは「熱・乾」だが、メロン（「冷・湿」）と組み合わせることで安全な食物になる。なお、これは体液とは関係なく、現在でもイタリアで人気の組み合わせだ。

自分の体液バランスを把握しておくことも大事なことだった。一般的に、女性は「冷・湿」で、男性は「熱・乾」だ（ただし、男性は加齢と共に冷に傾くと考えられていた）。そのため、バランスのとれた食事は個人によって異なる。この考え方はギリシアのヒポクラテス派の伝統医療がもとになっているが、ローマでこの説を提唱した中心人物は医学者のクラウディウス・ガレノスだ。

英語圏ではガレンと呼ばれる彼は、129年頃に現在のトルコで生まれている。ガレンの多くの記録は帝国滅亡後も残り、その医学的知識は中世後期のヨーロッパにも伝えられた。著書『食材にまつわる記録 *On The Properties of Foodstuffs*』で、ガレンはトリュフについてこう述べている。

分類の決め手となる性質はとくにないが、トリュフは根や球根に属するものと思われる。それ故に、風味が弱く、気の抜けた水っぽい味の根や球根と同じく、下味をつけるための材料として使われているのだろう。トリュフと根や球根には共通点がある。どれも複数の栄養を体内に供給するが、主なものは「冷」であり、栄養の濃度は口にした食材の特徴に比例するということだ。トリュフなら濃度は濃いが、ニガウリは水分が多く薄い。根や球根に関しても同様である。

風味が弱く、料理のメインというより下味をつけるための材料、という説明から、ガレンが述べているのは砂漠のトリュフだということがわかる。彼はきっと若い頃に、当時小アジアと呼ばれていた地（黒海、地中海、エーゲ海に三方を囲まれた、アジア最西部に位置する半島）でこのトリュフに遭遇したのだろう。

４７６年９月４日、元老院に赴いた皇帝ロムルス・アウグストゥルスは退位を余儀なくされ、西ローマ帝国最後の皇帝となった。この退位は元傭兵オドアケルの「要求」によるもので、元老院が皇帝の退位を認めると彼は自らが王であると宣言した。退位後のロムルス・アウグストゥルスに関する文献は少ないが、一致しているのは恩給を与えられ、ナポリ湾に浮かぶ島の豪邸で暮らしたのではないかということだ。その島――現在はカステル・デローヴォ（卵城）のいかめしい要塞が建っている――は市の港近くにある。のちに北アフリカから輸入される食料は減少の一途をたどるが、ロムルスは高嶺の花となったトリュフを思って嘆いただろうか。

# 第2章◉苦難と栄光

中世ヨーロッパの暗黒時代は、蛮族によって文明生活が破壊された長い時代とされることが多い。ある意味でそれは真実だ。ローマ人が建設した壮麗な建物や道は破壊され、読み書きできる者の数が減少したことで文芸創作もみるみるうちに衰退した。食文化ですら――この時代は地元の食材しか食卓に並ばなかった――貧しいものになったのだ。だが、一般市民に限ってはよい面もあった。たとえば壮大な建物の建設事業を統括する国の機関はなく、税金はかなり安くなった。また、スパイスの輸入量は減少したが、どのみち庶民にとってスパイスは縁遠いものだったからそんなことに気づく者はほとんどいなかった。ローマの上流階級層にとっての不運は、食文化にとっての幸運だったといえるかもしれない。現在ではけずってパスタにのせたりおいしいソースを作る材料になったりするヨーロッパ産のトリュフは、ローマ帝国崩壊後に発見されたのだから。

## ●地中海三大農産物、「蛮族の」食物に出会う

現在の西ヨーロッパに当たる地域を支配していた軍人たちは、やがてそれぞれ小さな領土を持つ領主となった。そしてその子孫（祖先の武力の恩恵を受けて「貴族」の称号を得た）は、ローマ人と違って〈森の果実〉に偏見を持たなかったのである。広大な土地が森や沼地に変わり、畑の外に広がるサルトゥスの数は増えていった。ゲルマン民族はローマ帝国時代の食文化を一部取り入れながらも――地中海の三大産物は、聖体（パン）・ワイン・聖油として用いられてキリスト教の中心となっていた――採集や狩猟で手に入れたものを食べるという本来のスタイルも維持していた。そして、彼らが採集する生物のなかにトリュフも含まれていたのである。ローマ人になじみのあった砂漠のトリュフではなく、カシの木やハシバミの低木、その他広葉樹と共生するヨーロッパ産のトリュフだ。

残念ながらこの種のトリュフの発見にまつわる記録は残っていない。しかし、想像は容易につく。ローマ人はブタ肉を好み、塩漬けハムやソーセージを食べていたが、こうした食肉加工品をさらに味わい楽しんだのはローマ帝国を倒したゲルマン民族だ。イノシシ（学名 *Sus scrofa*）は、早くも紀元前1万3000年頃には中東で家畜化されていたと見られている。その子孫であるブタ（学名 *Sus scrofa domesticus*）は祖先の野生イノシシから派生した動物で、現在もヨーロッパの森に生息する野生イノシシと容易に交配することができる。

ブタは皮膚がピンクで比較的おとなしいと思われがちだが、中世には野生イノシシとさほど変わらない姿だった。当時の芸術作品を見れば一目瞭然だ。体は大きく、体毛と長い牙があり、現在のブタほど肥えておらず、暗赤色(あんせきしょく)の皮膚を持つものが多い。15世紀に作られた装飾本「ベリー公のいとも豪華なる時禱書(じとうしょ) *Très Riches Heures of the Duc de Berry*」では、何世紀にもわたって描かれてきたブタの姿を見ることができる。絵のなかのブタは「家畜化」されていて——ブタ飼いが群れを率いているところからそう推察される——、文明と野生の境界に存在しているのだ。すでに森に入り込んでいるブタもいれば、野原に留まり、ブタ飼いが棒で木を叩いて落としたドングリを食べているブタもいる。

中世のあいだ（そして南ヨーロッパでは近年まで）、ブタは放牧されるか、「ベリー公のいとも豪華なる時禱書」の絵のように領地の大半を占める深い森で部分的に飼育されていた。面白いことに、中世初期は森の広さをエーカーという単位ではなく飼育しているブタの数で測っていたという。イノシシと同じく雑食性でなんでも食べるブタは、下生えを探ってはベリー類や昆虫、ヘビ、木の実を食べ、木の根や地下茎(ちかけい)、そして——そう、トリュフを掘っていたのである。ブタは嗅覚が鋭く、トリュフの芳香で熟しているかどうかを嗅ぎ分け、掘り出して食べるのだ。ただし、この時代になると人間の「管理者」がいっしょに森についてくるようになっていた。

トリュフは誰とも知れぬ注意深いブタ飼いが「発見」したものなのか、それともヨーロッパ中で同じようなことが起こっていたのか、それは謎だ。また、そのブタ飼いはなぜにおいのきつい、ご

「ベリー公のいとも豪華なる時禱書」より、15世紀のトリュフ採集のようす。中世のブタは現代のものと姿は違うが、トリュフが好きなところは共通している。

トリュフをのせたパスタ。王に捧げる料理にふさわしい。

つごつした地下のキノコを食べようという気になったのかもわかっていない。ともかく、森のなかでは注意深いブタ飼いが、台所では冒険心に富んでいたのは幸いだった。こうして、ブタを使ってトリュフを見つけるやり方は、トリュフが食用になるという知識と共に広がったのである。

ヨーロッパでトリュフが「発見された」と考えられるこの時代は、一般的にはトリュフの歴史にとっても暗黒の時代だと捉えられている。西ヨーロッパのキリスト教国では、聖アンブローズの書簡を最後にトリュフの記述が認められる文献はなく、ようやく再登場するのは12世紀に書かれた詩のなかである。この歴史研究の盲点――「記録がないということは、その事実がなかったということか?」に対しては、禅問答のようなある質問が心に浮かぶ。言葉にするとこうだ。「もしブタ飼いが誰もいない森で地下に生える〈キノコ〉を見つけたとして、それは〈トリュフ〉を発見したことになるのだろうか?」

もっとも、西ヨーロッパのキリスト教国以外に目を向ければ、この稀少性の高いキノコに関する記述は存在する。10世紀の東ローマ帝国の聖職者で、著述家、政治家、哲学者でもあったミカエル・プセルロスの数百通もの私信のうち、トリュフについて書かれたものが一通ある。砂漠のトリュフのことかヨーロッパ種かは不明だが、皇帝の兄弟に籠(かご)入りトリュフの礼を述べ、「最も豊かな土地に匹敵する価値がある」と称えた。また、11世紀のペルシャの医師イブン・スィーナー(英語圏ではアヴィセンナという名で知られる)は、トリュフにはよい面もあるとして「虚弱体質や吐き気の改善、傷を治す薬になる」とする一方、「脳卒中や麻痺の誘因ともなり得る」と書いている。

イスラム世界の対極にある、当時イシュビリア（現在はセビリア）と呼ばれていた都市の著作家イブン・アブドゥンのトリュフに関する知識は、もっとあやふやなものだった。イシュビリアの行政や公衆道徳に関する論文で、トリュフは媚薬になり得るため売買を禁止すべきだという意見を述べたのだ。ユダヤの偉人で、ユダヤ法典トーラーを体系化したモーシェ・ベン＝マイモーンは、アブドゥンと同じくトリュフ（を含むキノコ全般）を悪しきものと捉え、健康で長生きしたければ食べるべきではないと考えていた。

### ◉プラティナとノルチャのブタ

トリュフに関する医学論文や政治論文を書いた者すべてがトリュフのファンというわけではないが、熱心な支持者がいたことは確かだ。その第一人者がイタリアの詩人フランチェスコ・ペトラルカだろう。イタリアの森でこの隠れた宝物が発見されるためには「暗黒の時代」が不可欠だったことを彼自身は理解していなかったが、とにかくこの珍味を喜んで食したことは間違いないようだ。日光だけではトリュフは生育しないことを、ペトラルカは自作のソネットでこう綴っている。

花咲く丘や谷を照らす光も
大地には染み込まない
大地は自ら身ごもり

## あの稀少な実を生み出すのだ

当時、トリュフは土と水というふたつの要素により発生するという考え方が主流だった。この理論の基になったのは、引っ込み思案のキノコに関するギリシアとローマの文献である。ルネサンス期の「芸術と美の復興」は「伝統的な芸術と美」を意味していたため、15世紀以降にトリュフについて書いた著作家は、自分たちがいま味わっているトリュフと古代の文献に登場するトリュフは同種だという前提で、古代の文献を必ず引用した。

ルネサンス期の最も有名な美食家のひとり、バルトロメオ・サッキは本名よりもプラティナという名でよく知られている（これは彼が考案した名で、故郷である北イタリアのピアーデナのラテン読みだ）。人文主義教育（当時はラテン語とギリシア語を学ぶという意味で使われた）を受けたあと、プラティナはローマで教皇庁の職に就く。上流階級層に入り込むには高位聖職者と近づきになる必要があるといち早く気づいた彼は、１４６３年の夏、アクイレイアという都市の総大司教の別荘に招待されるに至った。そこで出会ったのが総大司教の料理人マエストロ・マルティーノだ。のちにさまざまな名料理を即興で創作したことで名を馳せる人物で、プラティナのレシピはほぼマエストロのアレンジ版と言っていい。マエストロは『料理法大全 *Art of Cooking*』という本を著したが、その本に当時の教養人の食欲をそそるような仕掛けを施したのはプラティナだ。

彼はマエストロのレシピの約半分を転用し、ローマとギリシアの著作家の詳細な引用をつけ加え

ステファノ・デラ・ベラ（1610 ～ 1664）「ブタを連れた男」（素描）

た。こうして、ラテン語で書かれ1474年に出版された『正しい快楽と健康について *De honesta voluptate et valetudine*』は、古代人への卑屈なまでの賛美と、現代は過去に勝るという自信の萌芽の狭間に位置する奇妙な読み物となった。プラティナが過去の知識人との決別をきっぱりと告げているのは、味覚についての部分である。「われわれが先人の味を好まなくてはならない理由など一切ない。たとえ大半の芸術において先人が勝っているとしても、こと味に関しては例外である」。もっとも、プラティナの味覚は古代ローマの祖先とは違っていたかもしれないが、面白いことに中世に生きた彼の子孫は古代ローマ人と同じ味覚を持っていたようだ。また、食の好みは大プリニウスと違っていたにせよ、食物に関する考えはプラティナも同じだった。『正しい快楽と健康について』のレシピを見ると、ガレンの時代から千年という時を経てなお、栄養面で食べ物を評価する主な方法は体液理論だったのである。

トリュフの項に関しては、プラティナの文章に熱意は感じられない。よく読むと、この箇所は当時のトリュフハンターの話を基にしたわけではなく、古代の文献に頼って書かれていることがわかる。内容は雷雨云々の使い古された引用、トリュフは歯に悪いという見解や北アフリカのトリュフについての記述、そしてウンブリア州の山の多い町ノルチャで飼われているブタの鋭い嗅覚についてである。トリュフを見つけるとブタはいったん戻り、農夫が耳を掻いてやるとトリュフを食べずにちゃんと残しておくというのだ。また、この本ではトリュフはワインですすぎ（毒素がありそうな食物を清める一般的な方法だった）、コショウで味つけしたものを肉に添えて食べるものだとされている。

ほかにも当時の代表的な料理書に、アルフォンソ・チェッカレッリの『トリュフについて *De tuberibus*』がある。ギリシアの植物に関する文献に言及する際にトリュフに着目した著作家はそれまでにもいたが、チェッカレッリの本（と言うより短い論文というべきもの）はトリュフを主題にした最初の著作だ。彼は1532年にイタリアのベヴァーニャで生まれた。ベヴァーニャはテヴェレの谷間にあり、そびえ立つアペニン山脈からはわずか8キロ、ウンブリア州スポレートとノルチャのあいだにある有名なトリュフ採集地からは直線で約65キロの場所だ。チェッカレッリの母親は、有名ではないにせよ傑出した貴族の出で、父親は公証人だった。子供時代のチェッカレッリと7人の兄弟は、さぞかしトリュフをたっぷり食べたことだろう。その楽しい思い出を胸に、彼はパドヴァに出て医薬を学ぶ。

トリュフに関する論文が書かれたのはこのパドヴァの地だと思われる。論文は短い19の章から成り、どの章でもトリュフについての疑問が呈されている。たとえば、種を蒔くようにして栽培できるのか？（第6章）、どの季節に「引き抜く」べきか（第11章）、トリュフは根か、実か、植物か（第15章）などだ。今日のトリュフ専門家によれば驚くほど現代的な記述が随所に見られるということだが、文章はすべてラテン語で当時の形式にのっとって書かれ、大プリニウスやディオスコリデスなどローマとギリシアの著作家によるトリュフの記述（なかにはあやふやな内容もあるが）を大量に引用している。チェッカレッリ自身は、まるで自信のない学生のようにごくたまにしか自説を述べていない。それも、「トリュフはアメリカ大陸でも生息しているのだろうか」という程度のものだ。ふざけるのが好きだったと伝えられるこの若者が書いた論文は真面目なものなのか、それとも試験の準備で読まなくてはならない退屈な教科書を面白おかしく真似たパロディなのかは判断しかねるところだ。この論文をよく読むと、チェッカレッリは抜け抜けと作り話を書いていることがわかる。たとえば白トリュフ対黒トリュフの話では、論点をはっきりさせるために、彼は自分で作った文章をイブン・スィーナーの引用だと書いているのだ。

### ◉コロンブス交換

チェッカレッリが医薬の資格を取るために読まされた（あるいは少なくとも調べる必要があった）

であろう文献に、ピエトロ・アンドレア・マッティオリの『ディスコルシ *Discorsi*』がある（出版は1544年で、当時チェッカレッリはまだ12歳だった）。シエーナ出身のマッティオリも、パドヴァで学んだ経験があった。『ディスコルシ』はまもなくどの大学でも教材に採り上げられるようになる。一見、ギリシアの哲学者ディオスコリデスが著した薬物誌の翻訳・注釈本かと思われるが、じつは動植物界の既成知識に歴史上の新たな発見を組み込もうという野心的な作品である。新世界が「発見」された——歴史学者の言葉を借りれば「コロンブス交換」が始まった——ことで、この作品の需要が高まったのだ。

「コロンブス交換」は1973年に歴史学者アルフレッド・クロスビーが提唱した概念で、ヨーロッパとアメリカのあいだで食物（またコーヒーやチョコレートなど中毒性のあるもの）が大量に交換された状況を表している。

食物歴史家以外の一般の人は、こうしたアメリカの製品を使わないユーラシアの食べ物——というよりほぼ全世界の食べ物——を探してみるとよくわかるだろう。ベルリンのペルガモン博物館、イスタンブールのアヤソフィア博物館、サイゴンの統一会堂から1キロ以内にあるレストランのメニューを思い浮かべてみてほしい。トウモロコシや豆類、チョコレートはもちろん、ジャガイモやトマト、チリを使わない料理があるだろうか？　ポテトスープ、トマトをたっぷり詰めたケバブ、赤鳥の目唐辛子で味つけした炒めものも作れない。

15世紀後半から16世紀初頭のアメリカ大陸発見の航海と帝国主義は、人類が動植物界にもたらした史上最大の出来事だ――もちろん、古代の人々はこんなことが起こるとは知る由もなかった。

ルネサンスはヨーロッパにとっては興味深い「知の時代」だ。人文主義者はみな人類を宇宙の中心に据えたがり、また中世の精神構造を払拭しようとしたが、その一方で――数世紀前の先人がそうだったように――すでに広く知られていた知識に傾倒していた感もある。そのため、マッティオリをはじめとする植物学者は混乱した。古代の分類に新しい項目を当てはめたくても、必ずしも適したものが見つかるとは限らないのだ。たとえば、トウモロコシは穀物の新たな種と見なされ、インディアン・グレインと呼ばれていた。新世界の豆（インゲンマメ属／学名 *Phaseolus*）は旧世界の豆（ソラマメ属／学名 *Vicia faba*）とよく似ていたため、ヨーロッパの大半では同じ名で呼ばれた。そのほかの植物の分類はさらに難航した。

近世ヨーロッパ初期の動植物の分類体系は、実物の観察より宇宙観によるところが大きい。中世では、自然観は哲学者から見た「自然の摂理」を反映して緻密に形成されていた。人間社会のヒエラルキーを持ち込み、動物や野菜を「存在の大いなる連鎖」に当てはめたのだ。「低位」に成る食物、つまり地下で生育するもの全般や地表面で生育するニンジン、タマネギ、豆類は――健康にはとてもよいのだが――下位に属すると考えられ、地表から離れて木の上に成る果実は格が高く、上流階級向きの食物だとされた。空高く飛ぶ鳥は非常に上位ということになる。

ジョヴァンニ・ボッカッチョの著作『デカメロン』（１３５０年頃）には貴族の男性フェデリゴが登場し、同じく貴族である愛人の訪問を受ける。落ちぶれた彼は愛人に与えられるものがほとん

Tubera. Cap. CXXXIX.

TVBERA rotundæ radices sunt, sine caule, sine folijs, flauescentes, vere fodiuntur. Cruda, & cocta eduntur.

TVBERA, quæ occulta quadam facultate terra in se parit, & conglobat, numerosa in Hetruria à rusticis effodiuntur, quòd magnatibus maximè expetantur in cœnis. Duo eorum in Romano agro habentur genera. Quorum alteri candida, pulla uerò alteri pulpa subest. Rimosus utrisque cortex, ac niger. Est & tertium genus in Ananiensi, & Tridentino tractu proueniens læui cortice, colore subrufo, cæteris longè minus, insipidum, & gustu iniucundo. Tuberum meminit Plinius lib. XIX. cap. 11. sic inquiens. Et quoniam à miraculis rerum cœpimus, sequemur eorum ordinem, in quibus uel maximum est aliquid nasci, aut uiuere sine ulla radice. Tubera uocantur hæc, undiq; terra circundata, nullisq; fibris nixa, aut saltem capillamentis, nec utiq; extuberante loco, in quo gignuntur, aut rimas urgente, neq; ipsa terræ cohærent. Cortice etiam includuntur, ut planè nec terram esse possimus dicere, neq; aliud, quàm terræ callum. Siccis hæc ferè, & sabulosis locis, frutetosisq; nascuntur. Excedunt sæpe magnitudinē mali cotonei, etiam librali pondere. Duo eorum genera arenosa, dentibus inimica, & altera syncera. Distinguuntur & colore ruso, nigroq;, & intus candido. Laudatissima quæ Aphricæ crescunt. An ne uitium id terræ? neq; enim aliud intelligi potest: malum ne id ea protinus globetur magnitudine, qua futurum est, & uiuat ne, aut non, haud facilè arbitror intelligi posse. Putrescendi enim ratio cōmunis est ijs cū ligno. Lartio Licinio prætorio uiro iura reddēti in Hispania Carthagine paucis his annis scimus accidisse, mordenti tuber, ut deprehensus intus denarius primos dentes inflecteret. Quo manifestum erit terræ naturam in se globari. Quod certum est ex ijs, quæ nascuntur, & seri non

Tuberum cōsideratio.

Historia ex Plinio.

C 2 possunt.

ピエトロ・マッティオリが1544年にディオスコリデスの植物誌につけた注釈本には、このようにトリュフの絵とラテン語の注釈が掲載されている。

どなく、彼女の地位にふさわしい食事を供するために大切な名鷹をつぶして昼食に出すのである。

この分類体系は当時のプトレマイオス的占星術と同じく、不十分かつ矛盾したものだった。その好例がトリュフだ。根菜と同様に地下に自生するトリュフは本来なら最下位に属し、ヨーロッパの上流階級層が平民と呼ぶ「野蛮人」のための食物のはずだ。だが、ヨーロッパで栽培する術のないトリュフは稀少性が高く、ピーター・ナッカラトとキャスリーン・レベスコの2012年の共著のタイトルを借りれば「価値ある食物（culinary capital）」だったのだ。

トリュフが珍重されたことは、フィレンツェの有名な政治家ニッコロ・マキャヴェリ（外交官であり、フィレンツェ共和国軍顧問）の息子、ベルナルドが1546年11月に書いた手紙からもみてとれる。メディチ家が1512年に共和国（短命に終わった）を支配すると、ニッコロは職を追われた。その後投獄されて拷問を受けるが、最終的には解放されて地方で隠遁生活を送ることを許されている。彼はその地で政治にまつわる書物を複数著し、そこであの有名な『君主論』が誕生した。

マキャヴェリ本人だけでなくその家族もメディチ家から冷遇を受けたが、後年、息子のひとりベルナルドは自分と兄弟を当時フィレンツェの公爵だったメディチ家に売り込もうと、コジモ1世の個人秘書にあるものを送っている。

わらで編んだ籠に入っておりますのは大公への献上物、ノルチャで採れた非常に良質なトリュフ50ポンド（約23キロ）でございます……そして、この機会になにとぞ心からお願い申し上げます。ニッコロ・マキャヴェリの哀れな息子たちのことを、あなた様から偉大なる大公に一言お伝えいただきたいのです。私たちはこれまでも、そしてこれからもわが大公の僕(しもべ)でございます。

アメリカの植物をリンネ式以前の古い植物分類体系に入れ込むという試みは、ジャガイモについてはうまくいったといえるかもしれない。スペインではインカ帝国を征服する過程でジャガイモの存在が知られたが、アルフォンソ・チェッカレッリはジャガイモをトリュフの一種だと勘違いして、「（トリュフは）新世界に存在するのか」という章で取り上げている。チェッカレッリがとくに強調しているのは、トリュフがアメリカにも存在すると考える識者もいるが、その種類はヨーロッパ産のものとは違い、「ふつうのキノコやトチの実に似ており、ケシの花のような植物から収穫される」ということだ。

植物誌のなかにはジャガイモをパパ（papa）と呼んでいるものもあり（もともとはケチュア語で、その後スペイン語に取り入れられた名称だ）、またある種のトリュフを指すタルトゥファリ（taruffali）という表記も見られる。トリュフとジャガイモは非常に似ていたため、トリュフの名に由来した「ジャガイモ」という語は長く残ってイタリア語からドイツ語にも派生した。現在でも、ドイツ語でジャガイモは Kartoffel（カトルフェル）という。マッティオリはジャガイモには白と黒の二種類があり、そのままでも火を通しても食べられると書いているが、これは古代の先人の文章の受け売りだ。その他16世紀に書かれた植物誌としては1585年のカストーレ・ドゥランテの著作『新植物図鑑 *Herbario Nuovo*』があり、そこには「この植物は古代には知られていなかった」とある。ドゥランテの記述は、今読むと非常に奇妙だ。

トリュフ――トリュフは黒胆汁を生み出す。生焼けのまま食べると心臓や神経に損傷が生じ、排尿にも支障をきたす。これは腎臓に砂がたまるためだ。腎臓だけではなく、歯にも悪影響をおよぼす。また、トリュフを食べることにより液体脂肪、麻痺、卒中、〈冷〉の体液が生じる。

1500年頃のドイツの植物誌より、トリュフ（夏トリュフ *Tuber aestivum* か？）の木版画。

こうした否定的な記述のあと、ドゥランテはトリュフの名をギリシア語、ラテン語、イタリア語、アラビア語、ドイツ語、スペイン語、フランス語で列挙し、トリュフには数種類あってその色（外側と内側両方）により識別できる、と書いている。植物上の分類については、トリュフは「葉と茎のない丸い根（あれを根と呼べるなら）である。だが、むしろ土塊というほうがふさわしい」。さらに古代の詩人ユウェナリスを引用し、トリュフは秋雨と雷によって「発生する」と書いた。そして最も奇妙なのは、「質」（現代の言葉に置き換えると「味」の意味）という項目での彼の説明だ。

トリュフには特有の質（味）というものはなく、どの調味料を加えたとしてもその味になじむ。際立った味を持たない、水っぽく味気ないほかの食物と同様だ。

続けてドゥランテは、トリュフは土と水からできていて「まったく無味であり、ほかのどの食物より憂鬱な気分と脂肪性の体液を生じさせる」とした。そして、なかにはその味のない根を好んで食べる者もいるとつけ加えている。「トリュフは富裕層のあいだで非常に人気がある。コショウで味つけしたものを食すと性欲増進につながると信じられているのだ。調理法としてはまず灰をかぶせて火を通し、その後すすいでから油を引いたフライパンで焼き、コショウとオレンジの果汁で味つけする」。

ウンブリア州ノルチャのトリュフ。ノルチャはアルフォンソ・チェッカレッリが育ったベヴァーニャからそう遠くない。

### ◉トリュフと遺言書

チェッカレッリがあとからつけ加えた文章は、現代のトリュフ市場でも横行するもの――つまりごまかしを象徴しているのかもしれない。この章で見てきたように、チェッカレッリは大学時代さまざまな引用をでっち上げていたが、残念ながら仕事に就いてからもその傾向は変わらなかった。彼は父のような小さな町の公証人では満足できず、卒業後間もなくアブルッツォ州テーラモという都市に向かう。彼が長きにわたっておこなった歴史の歪曲はここから始まったと思われる。初期の依頼主は、領土をめぐる裁判請求に必要な証明書をほしがっている小貴族だった。証明書は入手困難な場合も多く、チェッカレッリは斜体が特徴的な中世ラテン文字を模して書類を偽造したのである。やがて、小さな都市同士の境界をめぐる争いに利用する偽造文書の作成からは手を引いたが、貴族が過去の栄光を子孫に伝えるための詳細な（そして嘘っぱちの）家族史を綴るという個人的な仕事は続けた。

このような仕事は危険ではあるが儲けは大きい。その仕事ぶりに満足した貴族たちの後押しで、チェッカレッリは成り上がっていく。ついには、ウンブリア州オルヴィエートの枢機卿を通じてジャン・マリア・デルモンテ、すなわちローマ教皇ユリウス3世と近づきになった。教皇はチェッカレッリを気に入り、自分の主治医に取り立てたばかりか、ローマのナヴォーナ広場にある自分の宮殿の一室を彼に与えている。

この地で知り合いになった貴族たちはチェッカレッリの「調査」力だけでなく、彼が情熱を傾けていた占星術にも注目するようになる。やがて、権力を有する枢機卿たちとの親交を深めるうち、チェッカレッリはローマ教皇の法廷における占星術師の長となった。その頃も彼の主な関心は歴史であり、著書『ローマに住む最も高貴な貴族 *The Most Serene Nobility of the City of Rome*』（１５８２年）は彼の名声をさらに高めた。この本は一見するとローマの上流階級層の歴史書だが（ラテン語の文献引用もあり、また一代で地位を築いたなどという架空の祖先の手柄を誉め称えている）、本当の役割は過去を美辞麗句で飾ってほしいと願う新たな顧客を引き寄せる一種の宣伝だった。この本の出版から数か月後、チェッカレッリの父親はベヴァーニャに戻るよう彼に説いている。現在は成功していても、息子がかなり危ない橋を渡っているとわかっていたに違いない。

父の求めにチェッカレッリがどう答えたか、記録は残っていない。だがその後もローマに留まっていたということは、都会から遠く離れた故郷に戻るつもりはなかったのだろう。1582〜83年の冬、彼はアングイッラーラ伯に接触し、200年前の正式な遺言書を入手したと話を持ちかける。そこにはアングイッラーラ一族が今の土地に加え、近隣の自治体チェーリの公爵が収める土地の所有権も有すると書いてあるというのだ。アングイッラーラ一族は大喜びし、チェッカレッリに3000スクードという大金を与えた（16世紀後半、教師の年収は約25スクードだった）。アングイッラーラ一族がその遺言書を法廷に提出したのち、チェッカレッリはチェーリの公爵夫人のもとに赴き、別の遺言書を売りつけている。おそらく、先の遺言書が無効であるという内容だったはずだ。

公爵夫人との取引（6000スクード）が進んでいた最中、この詐欺は発覚する。彼は逮捕ののちローマのトール・ディ・ノーナに投獄され、拷問を受けたと思われる。「キリスト教会と教会に属する貴族を守りたかっただけだ」と延々と自己弁護をしたが、判決は有罪だった。彼の物語はどのような結末を迎えたのか。ローマのある修道士会の記録によればこうだ。

そして、午前8時に朝を迎える儀式がおこなわれ、例のアルフォンソは聖餐用パンを受け取った。午前10時、司法大臣たちによって橋へと連行された。兄弟が付き添うなか、いつもの連禱がおこなわれ、その後斬首の刑が執行された。夕方、アルフォンソの義理の兄弟から、遺体をサン・チェルソに埋葬してほしいとの依頼がこの洗礼者ヨハネ教会に出され、その許可が下りた。

地中の小さなキノコはチェッカレッリの死には無関係にせよ、彼の「ごまかし」は、ずっと昔のあのトリュフ本に端を発していた。フランスの劇作家モリエールの有名な戯曲に『タルチュフ――あるいはペテン師』という作品がある。トリュフとごまかしの関係に長い歴史があることは、今後本書のなかでさらに明らかになるだろう。

# 第3章◉トリュフ外交

1614年、ジャコモ・カステルヴェートロ——イタリアのモデナで生まれ、イギリスに亡命して長年暮らした——は、随筆『*Brieve racconto di tutte le radici, di tutte le erbe et di tutti i frutti, che crudi o cotti in Italia si mangiano*』の写本を3部作成した。タイトルの意味は「生、または火を通して食すイタリアのあらゆる根系、葉物、果実に関する概略」だが、通常は略して『イタリアの果実、ハーブ、野菜』と呼ばれている。近代イタリアの食生活に関するこの興味深い説明書を著した目的は、ひとつには自国の野菜を食べるようにというイギリス人への戒めであり、もうひとつは当時すでに高齢だったカステルヴェートロがこれでベッドフォード伯爵夫人から恩給をもらい、ヨーロッパ貴族にイタリア語を教えるのを辞めて余生をすごしたいと目論んでのことだった。だが、どちらの目的も達成されることはなく、1989年に翻訳版が出版されるまで、この文献の存在は学者以外には知られずに何世紀も放置されていた。

## ◉「この高貴な果実」

カステルヴェートロはかなり着実な人生を歩んだ人物だ。確固たる意志の持ち主で、プロテスタントに改宗して亡命したおじのルドヴィコと同じ道をたどって、ローマの異端審問［プロテスタントの数を抑制するために1542年に設立された尋問制度］を逃れた。ふたりは各地を点々とし、しばらくはジュネーブにいたが、その後フランス、スイス、オーストリアの各地を頻繁に移動した。近代の食物史家ジリアン・ライリーによれば、おじは胃腸が弱かったため、カステルヴェートロは美味で害のない品を、調理はしないまでも入手する必要があったらしい。カステルヴェートロの本の上梓はプラティナの『正しい快楽と健康について』発表からわずか150年しか経っていないが、その間の変化は、プラティナの時代からそれ以前の500年間の変化より大きいと言えるだろう。

中世とルネサンス期にスパイスが大量に消費されたことについては、多くの文献が残っている。そこで重要になるのは、プラティナと、彼が料理の記述部分の大半を引用したマエストロ・マルティーノ・デ・コモは、当時すでに時代を先駆けていた食文化を受け入れつつあったということだ。料理に大量のスパイスを使う代わりに、プラティナのレシピではシナモン、コショウ、ナツメグなどいわゆる「風味づけ調味料」を使用している。ただし前章で述べたように、もし彼のレシピに問題があったとすれば、それは過去の著作家の引用が多すぎるという点だった。この本では、古代ローマの偉人カトーの逸話や、食物が粘液を生み出すという内容の警告が挿入されていないレシピを見つけ出すのは至難の業だ。

レシピの多くはいま読むと非常に大げさに感じる。ルネサンスの料理人は「技巧」に重きを置いていたため、たとえばキジの皮を剝ぎ、調理後にまたその皮に身を入れて縫うといったレシピもめずらしくない。中世とルネサンス期の有名な料理にブランマンジェがある。ゆでた鶏肉にアーモンド、牛乳、砂糖、そして（当然）スパイスをまぶして叩き、どろどろの白いピューレ状にしたものだ。王侯貴族のテーブルには食べきれないほどの大量の料理と砂糖とパイでできた像が積まれ、そのなかから本物の鳥が飛び立ったという。そうした料理のテーマは、徹底して凝った形と、もとの素材の見当がつかないほどの加工をすることだった。

カステルヴェートロのレシピが現代の料理に驚くほど似ていると感じるのは、そのためだ。プラティナのレシピに似ていると評されることも多いが、彼はプラティナのように先人たちを崇め、健康によい食べ物の定義を昔の栄養論に無理やり当てはめたりはしていない。実際、カステルヴェートロの随筆には食物が体液におよぼす影響についての記述はほとんどなく、先人の引用に至っては皆無である。彼は非常に現代的な経験論を提示している。たとえば、桃は美味だが健康に悪いという意見についてはこう述べている。

そのため、桃を良質なワインに浸す者もいる。そうすることで有害物質を除去できるというのだ。だが、私から見るとそれは口実で、本当は桃とワインの両方を楽しみたいからではないだろうか。桃はワインと共にたしなんだほうが良い味になるし、第一、桃を浸したワインを飲まずに捨てた者にも、そのワインを飲んで実際に具合が悪くなった者にも私は会ったことがない。

この文献が伝えたいのはどの食べ物が健康によいかではなく、単純になにがおいしいかということだ。同時代の多くの著作家と違って、カステルヴェートロは畑や庭で採れた果実を庶民が調理する手順を、階級による偏見を交えず綴っている。彼の文献の最後を飾るのは——ほかの項目に比べてかなり長い——トリュフである。ここで引用されているのは古代ローマのユウェナリスやキケロなどではなく、「この高貴な果実は地下深くに生育するキノコの一種」だという認識を示した植物学者たちの言葉だ。

ペトラルカのソネットの数行を引用したのち、彼はトリュフを探すブタについて述べている。注目すべき点は、ブタについて書いているのは同じでも、プラティナが書いた不自然な説明とは内容が大きく違っていることだ。農夫が雌ブタの耳を掻いてやるとなぜかブタはトリュフを食べようとしなくなる、としたプラティナに対し、カステルヴェートロの説明はこうだ。「ブタは見つけたトリュフを食べたがる。しかし農夫は目を光らせており、ブタが食べようとすると鋤(すき)で叩く。これがトリュフの採集法だ」

また、彼はある夏スイスのバーゼル郊外ですごしたときの面白いエピソードも披露している。イタリア旅行から帰国したばかりのスイスの若き男爵が、旅行中に見かけたと思われる奇妙な光景についてカステルヴェートロに尋ねた。なぜイタリアの紳士たちは森でブタを追うのか、という質問だ。カステルヴェートロは、ブタが男性を手伝って——実際に仕事をするのは隣にいる農夫だが——地下に潜む宝物を探しているのだと説明しようとした。「その宝物とは？」と男爵に聞かれ、「un tartufo（ウン・タルトゥーフォ／イタリア語でトリュフの意）」と答えると、男爵はそれを「der Teufel（デア・トイフェル／ドイツ語で悪魔の意）」と聞き違えてこう叫んだという。「なんだって？イタリア人は一体なぜそんな怪物をわざわざ食べるんだ？」。もちろん、悪魔ではなくキノコの一種だ、とカステルヴェートロに説明されて男爵は納得した。

## ●食のフランス革命

ヨーロッパの上流階級層が考える「美食」の文化や料理は、プラティナとカステルヴェートロのあいだ、別の表現をすれば15世紀から17世紀のあいだに劇的に変化した（当然ながら、貧困層は変わらず入手できるものだけでやりくりしていた）。これを食物歴史家は「食のフランス革命」と呼ぶ。この劇的な変化の背景には多くの歴史的事件があった。組み替え可能な活字の発明。新大陸発見。宗教改革。料理や栄養学に関連する伝統的な言い伝えを覆す経験科学の誕生。こうした出来事のひとつひとつが、台所に新たな食物をもたらしたのである。

歴史家エリザベス・アインシュタインによれば、グーテンベルクによる活版印刷術の発明は宗教革命の本質的な原因となっているという。マルティン・ルターはラテン語で95か条の論題を発表したが、このドイツ語版が瞬時に印刷されて出まわったことに彼自身驚いたという。カトリック教会はなんとかこの騒ぎを収拾しようとしたが、カトリックとプロテスタントの分裂は避けられなかった。

中世以来、教会はヨーロッパの食に制限を設け、これを破った者は罰金や刑を科せられた。こうした制限は主に「粗食」の時期と「美食」の時期の差をはっきりさせるためのものだ。宗教上重要な祝日や四旬節の時期は、カトリックでは肉類や動物性脂肪（主にバターとラード）をとることは禁じられていた。だが宗教革命が起こったことでヨーロッパの食習慣は多様化し始め、活版印刷やその国独自の料理が発展したことでそのスピードは加速したのである。

コロンブス交換もまた、食のフランス革命の根本的な要因だ。不思議なのはトマトやジャガイモなどの食物――今ではヨーロッパの料理に欠かせないものだが――がすんなり受け入れられたことではなく、これらの植物がヨーロッパの食になじむまでの期間がまちまちだったことだ。

カステルヴェートロの文献に着目すると、彼が「書いていない」ことにむしろ興味をそそられる。彼の最後の著作は１６１４年のものだが、ここにコロンブス交換の食物はほとんど登場しない。「トルコ豆」（「新大陸の豆」という意味だ。この時代、外来のものには「トルコ」の名がよくつけられたが、必ずしもトルコ産という意味ではない）という記述は見つかったものの、トマトやピーマン、チリ・ペパー、ジャガイモ、ナツメグは見当たらない。だが、少なくとも彼はナツメグのことは知っていたらしく、現存する友人への「イタリア土産リスト」にはナツメグも入っていた。

コロンブス交換によってもたらされた食物は徐々に広がりを見せ、既存の食材と合わせて調理される場合もあれば、なにかの代用品として使われることもあった。たとえば、ポレンタ［コーンミールを粥状に煮たイタリア料理］にはもともと粟やソバ粉が用いられていたが、18世紀にはトウモロコシ粉が使われるようになり、ポレンタの色は黄色になった。

科学もまた、食の革命の一端を担っている。革命前、正しいとされる栄養学は「存在の大いなる連鎖」の概念とガレンが発展させた四体液説に基づくものだった。炭水化物とタンパク質の違いについては依然として謎だったが、17世紀後半の料理書では「古き医師」とその理論は軽んじられ始めている。18世紀の貴重な参考図書『トレヴー辞典 *Dictionnaire de Trévoux*』の料理理論の項には酸、塩、酒石（しゅせき）［酒石酸とカリウムが結合してできた結晶状の物質］のことは載っているが、体液については触れられていない。

歴史家のジャン＝ルイーズ・フランドランは著作のなかで、科学が「美食家たちを解き放った」と述べている。上流階級だからという理由で卑賤（ひせん）な食物とされる地下生植物を避けたり、体液のバランスを熟考して果物とスパイスを組み合わせたりする必要はなくなったのだ。

たとえば、古代のソースは酢をベースに作られ、それにスパイスが足されることが多く、「甘い（sweet）」と「風味のよい（savoury）」という言葉はあまり使い分けられていなかった。やがて、バターなど脂肪性の調味料がこうしたソースにとって代わり、砂糖以外のスパイスの使用は控えられるようになる（当時は砂糖もスパイスと見なされていた）。sweet と savoury の使い分けと共に、果実（fruit）と野菜（vegetable）の区別も浸透していった。

かつて、植物性食物はすべて「果実」と表現されており、今でも多くのヨーロッパ言語地域では「the fruits of the land（大地の果実）」や「the fruits of one's labours（努力の末に得た果実＝成果）」という成句に当時の名残がうかがえる。16世紀後半になると「fruit」は甘い作物を指す言葉になった。

また、プランテーション制度が最初は大西洋の島々に、次いで西インド諸島と南米で広まるにつれ、異国の薬だった砂糖は高価なスパイスへ、さらに一般に使用される調味料へと変化した。砂糖はルネサンス期にはパスタにかけたりソースに入れたりして用いられたが、ほかの甘い食べ物と同様、時代を経るごとに食事の最後に供されるものになっていった。現在、もしデザートが食事の最初や途中で出てきたら違和感を覚えるはずだ。これは16世紀の食文化の名残なのである。

ローマ時代からスパイスは非常に高価であり、調味料というより貧富の差を顕著に示す役割を担っていた。上流階級層の食事には不可欠で、今の時代に同じものを食べたら吐き気をもよおすほど大量に使用されていたが、これはスパイスが財力を誇示するためのひとつの手段だったからだ。

歴史家ヴォルフガング・シヴェルブシュは著作『楽園の味覚 *Das Paradies, der Geschmack und die Vernunft*』（1992年）でスパイスに言及し、ときのスコットランド王がイングランドのリチャード1世を訪ねた際にスパイス手当なるものがあったと書いている。たとえばコショウは1日2ポンド、シナモンは4ポンドという具合だ。ヨーロッパ各地に集散地が作られ、スパイスを大量に入手できるようになると、需要の高まりに反比例してスパイスの価格は下がり、スパイスは手軽に買えるものになった。

けずったビアンケットトリュフ（学名 *Tuber borchii*）。有名なアルバ産トリュフに似ているが、値段は安い。

ルネサンス期の料理のキーワードが「技巧」だったのに対し、この時期は食材の「素材」を活かすことが新たな流行になる。その風潮が広がり始めた頃の料理書のなかに、フランソワ・ピエール・ラ・ヴァレンヌ（１６１５～１６７８）の有名な『フランス料理人 *Le Cuisinier François*』がある。ラ・ヴァレンヌはスパイスよりもハーブを重宝した。また、彼の料理書によく登場することから、トリュフがお気に入りの食材だったことがわかる。

食の革命は、食物やおいしい料理の素材に対する新たな考えを広めただけではない。「天然の」風味を求める新たな風潮が生まれ、またスパイスの価格、ひいてはその特権的価値が急落したことにより（人類学者シドニー・ミンツはこれを「普及化」と呼んだ）、身近なトリュフの人気が高まったのだ。地下で生育するこのキノコは、不格好な野菜という概念――あのカステルヴェートロでさえ、トリュフの調理法を「ジャガイモと同じく熱い砂で蒸し、その後皮を剝いてきざんだものを焼く」と記していた――から貴族のための風味づけ食材へと変化を遂げた。料理で自分の地位を誇示する必要があるヨーロッパの上流階級層にとって、トリュフはその理想的な手段だったのである。もっとも、大半のヨーロッパ君主にとって不運なことに、トリュフはヨーロッパ大陸ならどこでも生育するというわけではなかった。

## ◉サヴォイア家

オーストリアは現在小規模な中立国で、多くのスキーチャンピオンを輩出していることやチョコレート菓子のモーツァルトクーゲルで知られている。しかし、18世紀には複数の民族から成り立つ大国であり、中央ヨーロッパ一帯を支配していた。また、自国に有利な（そして時宜を得た）用意周到な結婚政策によって領土を広げてきたことは誰もが知るところで、こんな有名な箴言もあるほどだ。「戦いは他の者にまかせよ。汝幸いなるオーストリアよ、結婚せよ」。もっとも、この章を読めば、小さいながらもヨーロッパで影響力を増しつつある存在がほかにもあったことがわかるだろう。そして、この箴言をこんなふうに言い換えたくなるはずだ。「結婚はほかの者にまかせよ。汝幸いなるピエモンテ州よ、トリュフを届けよ」

イタリア北西のピエモンテ州はアルプス山脈が連なる地中海沿岸の地域で、中世ラテン語の「アド・ペデム・モンティウム（山のふもとに）」から、この地域を表す「ペデモンティウム」という言葉が生まれた。ピエモンテ州の領主はサヴォイア家だ。この一族の祖先もヨーロッパ貴族の例に漏れず、好戦的かつ野蛮な人々だったに違いない。そして、この好戦的気質ゆえにサヴォイア家はピエモンテを支配下に治めたのである。この地域はヨーロッパの東西南北の主な経路が交わる場所であり、小さいながらも地理的にはかなり重要だった。さらに、近隣は強国（フランス王国とオーストリア帝国）や小国（イタリア半島北部のさまざまな公国）に取り巻かれていた。

数世紀にわたって歴代のサヴォイア君主が目指したことは、卑近なものであれ長期的なものであれ共通していた。サヴォイア公国の領土を拡大し、小さな「公国」を「王国」に押し上げることだ。周到に準備しておこなわれた婚姻も功を奏したが、なにより戦いこそ新たな領土を得る確実な手段だった。とりわけ、17世紀後半から18世紀にかけてのピエモンテ君主は野心的で、ヨーロッパの大国が同盟国を欲していると知るや軍隊を送っている。

だが、彼らが重要視したのは不変の忠誠心ではなく、いかに勝者を見極めるかということだ。ピエモンテは2度オーストリアの味方となり、2度敵となった（そのうち1回は戦いの最中に敵に寝返った）。ピエモンテはオーストリアの領土を奪って勢力を拡大したため、強国であるこの隣国とのあいだには緊張関係が生じていた。どうにかしてオーストリアの怒りを解き、うまく取り入らなくては――その手段がトリュフだった。

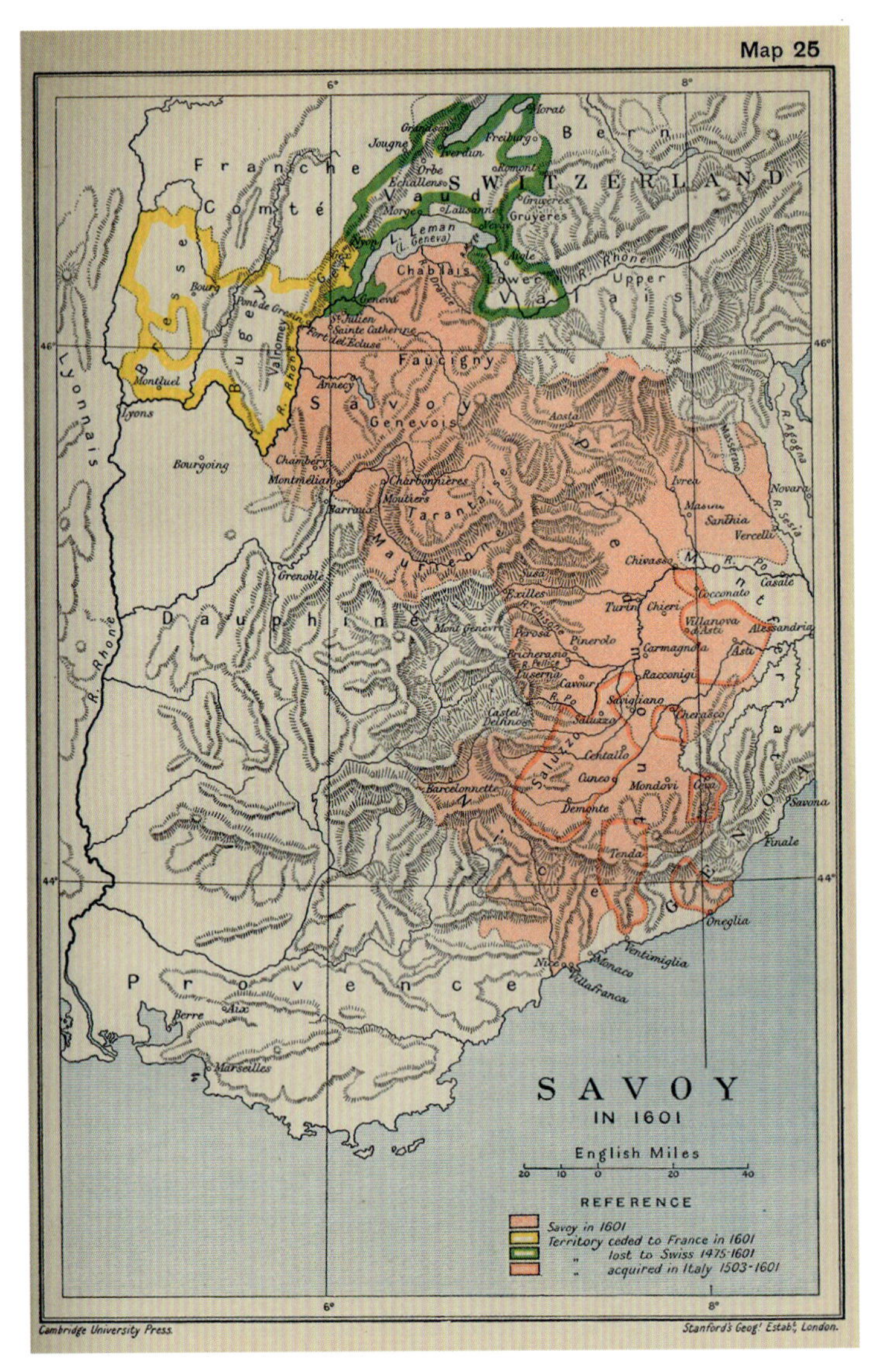


1601年のサヴォイア家の領土を表す地図。サヴォイア公国はヨーロッパの交差路として権力領域を拡大していった。

トリュフの社会史および政治史において、オランダの学者レングニエル・リテルスマの右に出るものはいないだろう。彼の綿密で興味深い研究により、われわれはトリュフが外交の武器として使われていた事実の一端を知ることができるのである。リテルスマはサヴォイアに関する保存記録と外交文書を調べ、早くも1380年にはピエモンテの重要人物たちにトリュフが贈られていたことを突き止めた（ただし、このときは同盟国からサヴォイア君主の妻への献上物だった）。

王に取り入るためにいわゆる「その地域の名産」を贈る習慣は、18世紀になっても続いていた。サヴォイア君主と、パリ、オーストリア、ベルリン、その他ヨーロッパの中心地の駐在大使との往復書簡で頻繁に登場するのはピエモンテワイン（残念ながら銘柄は書かれていない）、ロゾリオ（甘いリキュールで、香りはオレンジ、コーヒー、バニラなど使用する素材によって異なる）、モンドヴィのジャム、フロマージュ・ド・ノエル（現在はヴァシュラン・ダボンダンスという名で知られるチーズ）、ピエモンテのタバコだ。

意外にも、ピエモンテの君主が最も領土を広げた17世紀後半から18世紀初頭の文書には、トリュフの記述がまったく見られない。これに対してリテルスマは、ヨーロッパの食文化におけるトリュフの重要性は数百年というスパンのなかで振り子のように変化してきた、と即答している。そして1670年から1730年にかけての引き潮は、その後すぐ大洪水へと変わった。

1713年、サヴォイア君主はついにシチリア王国の王位を獲得、1720年にシチリア王国との交換でサルデーニャ王国の王となった。その後ポーランド継承戦争が勃発し、1735年の

サヴォイア家秘蔵の武器、ピエモンテ産の白トリュフ。

予備条約によって終結している。「ポーランド戦争」という名ではあるが、この戦争はほぼポーランド以外の地でおこなわれた。主な交戦勢力はフランスとスペインのブルボン王（そして両国と同盟関係にあったサルデーニャ）対オーストリアのハプスブルク家だ。戦いの末オーストリアは北イタリアの肥沃なロンバルディア公国の所有権をサヴォイアに譲渡することを余儀なくされる。サヴォイアという新興国が北イタリアの勢力争いでの強敵になると考えたオーストリアは、この結果を苦々しく思っていた。

## ◉大使カナレの「トリュフ外交」

こうした外交上の問題を抱えていた1737年1月、ルイージ・ジローラモ・マラバイラ・ディ・カナレがサヴォイアの新しい大使としてウィーンに到着する。寒さのなか、ピエモンテを出発してでこぼこ道を馬車で進み、長旅の末たどり着いたに違いない。ウィーンの巨大な市壁に囲まれた屋敷に落ち着くと（かなりあとになって、この壁は美しい環状道路リングシュトラーセ建造のために取り壊された）、彼は前任者のマーキス・ジュゼッペ・ロベルト・ソラーロ・ディ・ブレグリオに面会した。カナレの書簡の一部が残っており、マーキスから「食物を献上するのは、宮廷社会に取り入り、オーストリア政府内でもきわめて地位のある高官と近づきになるよい方法だ」と助言を受けたことがわかっている。ただし、マーキスが献上していたのはハイイロイワシャコというキジ目キジ科の、外敵に襲われると不器用に飛んで逃げるよりも走り去るほうが多いという鳥だ。よって、ご機嫌伺いの手段としてトリュフを思いついたのはカナレ伯だと思われる。

この推測が当たっているかどうか、確かめる術はない。というのも、最初にトリュフを要求したのはピエモンテ―サルデーニャ国の王妃なのだ。彼女はハプスブルク家出身で、外交上の溝を埋めるためにサヴォイア家に嫁がされていた。1738年に王妃は数キログラムのトリュフをカナレに送り、ウィーンに住む兄のロレーヌ公に届けさせている。リテルスマがサヴォイア家に保存されている詳細な記録を調べた結果、これ以降トリュフの量は増え、カナレが亡くなった1768年には約76キログラムを送ったことがわかっている。18世紀にはヨーロッパ産トリュフがまさに熱狂的な支持を得ていたため、というのがリテルスマの見解である。それを裏づけるように、少なくとも5人のヨーロッパ君主がピエモンテにトリュフ犬を送るよう依頼する文書が、リテルスマによって発見されている。

初の「遠征」は1720年で、犬3匹と熟練したトリュフハンター1名がペルシャ王のもとに派遣されている。これに続いて第二班が（このときは犬4匹とハンター1名）パリに向かった。1751年、イギリス国王の三男カンバーランド公は自ら筆を執り、トリュフ犬とトリュフハンターのほかに、トリュフ犬を養成できる人間をよこしてほしい、とサヴォイアのシャルル・エマニュエル2世に依頼している。

このような遠征の結果なにが起こったのか、残念ながら記録のなかには記述がない。だが、さまざまなヨーロッパ君主から同じような依頼があったことを考えれば、トリュフはほかの野菜のよう

サヴォイア家はヨーロッパ各地の君主にトリュフハンターとトリュフ犬を調達した。

に煮て食べるものというありふれた存在から、ヨーロッパ各地の君主が待ち焦がれる存在になっていたことがわかる。リテルスマの考察によれば、この背景には当時の宮廷社会の事情があった。めずらしい献上物を受け取った者は宮廷内で権威を高めたが、贈り主についても同様だったのである。権力争いで上位が頻繁に入れ替わるなか、他者を出し抜くことはなにをさて置いても重要だった。リテルスマの調査により、オーストリアの女帝マリア・テレジアはトリュフが大好物だったことがわかった。後年、トリノの宮廷に帰還したカナレの後任スカルナフィギ伯の書簡によれば、トリュフがあまりおいしいものだからほかのどんなものを食べても物足りない、と女帝は彼に話したという。女帝夫妻が頻繁にトリュフを食べているところが目撃されると、宮廷に出入りする貴族たちのあいだでもトリュフの需要が高まった。カナレはオーストリアの貴族がトリュフに興味を持っていることを大使就任後に実感し、こんな手紙をサヴォイアに送っている。

貴殿に繰り返し申し上げる。献上物としてトリュフをこちらに送っていただきたい。これは、近づきになればなにかと有利な君主たちと親しくなる手段として有効なのだ。強大な権力を持つ大臣たちはこの献上物を非常にお喜びになる。

カナレはウィーンでの任期当初、前任者から一般的な献上の慣習について指示を受けていた。この慣習がのちに体系化され、さらにトリュフに特化されたのである。スカルナフィギやほかのサヴォ

トリュフを探す男とブタの銅版画（19世紀後半）

イア国大使は、誰にどれほどの量のトリュフを送るべきかを細かく指示された。ピエモンテでトリュフを調達するための資金に加え、各地への輸送費に莫大な金額が費やされたことを考えれば、トリュフの献上が非常に重視されていたことがわかる。サヴォイア王らがじきじきにトリュフの献上に心を砕いていたことからも、その重要性は明らかだ。

リテルスマによれば、ピエモンテの白トリュフはその稀少性ゆえに「貴重であると同時に、この献上物を見る人は必ずサヴォイアの領土を思い浮かべた」。リテルスマは、トリュフはどこにでもある献上物の一種ではなく、サヴォイア家の国際的地位を高めるための協調外交の一種だったと述べている。この外交はどうやら功を奏したようだ。散発的に戦争がおこなわれたのち（このときもオーストリアとは敵対関係にあった）、サヴォイア家はサルデーニャとピエモンテだけでなく、イタリア半島全体を統治するに至った。その結果、以前から緊張関係にあったフランスとの仲はさらに悪化した。両国は政治だけでなく、トリュフにおいても競い合う敵となったのである。

# 第4章◉トリュフに貢献したフランス人たち

## ◉マリー＝アントワーヌ・カレーム

マリー＝アントワーヌ・カレームは不遇な幼少期をすごした。将来ヨーロッパで最も有名なシェフになる彼だが、子供の頃は満足に食べるものもなかったのだ。詳細は不明だが、兄弟が12人以上いたともいわれている。フランス革命後の不穏な時期、10歳だったカレームは、ある朝父親に連れられて人通りの多いパリの街路に向かった。父親は「このご時世、自力で大金を稼いでやろうという根性が必要だ。おまえにはそれがある。行け、息子よ！　神がおまえに与え給うたもので勝負するのだ」と言い残して息子を置き去りにしたのだ。

のちに「カレーム」と聞けば誰もが彼を思い浮かべるほど有名になる少年は、当時新たなビジネスだったレストランに職を得る。レストランの始まりは、パリの貴族が革命の最中(さなか)次々と斬首されたため、職を失ったお抱えコックたちが店を開いたことだといわれている。しかし実際にはそれよりも早い1770年代後半に最初のレストランが創業したと思われる。もともとは体力回復のためのスープ（restorative broth）を提供していたが（この言葉がrestaurantという名称の由来である）、やがて提供される品数は増えていった。現代ではレストランをめずらしがる人などいないが、18世紀後半のフランスでは非常に斬新だった。

カレームは最初肉料理が中心のレストランに勤め、やがてもっと格の高い洋菓子店に移る。この店が、一流シェフへの階段を上る出発地点だった。やがて、綿菓子とアーモンドのピューレ、小麦粉で作られた繊細な菓子を求める客がパリ中からやって来るようになる。菓子を作るのにプラスチック製の型を使っていた時代に、カレームの芸術的な菓子が与えた影響はどれほどのものだっただろう。彼は食べることを目的にするよりむしろ観賞用として、有名な彫刻を真似たりギリシアの神殿を作ったりした。

料理にある種の演出を取り入れることは過去にもあった。ルネサンス期の晩餐では音楽の演奏があり、小人症の男たちが気の利いた話を披露したり、本物の鳥がパイから飛び出したりしていたのだ。だが、シェフが厨房から出て客の前に姿を見せたのはカレームが初めてだ。レイチェル・レイ、ウルフギャング・パック、ジェイミー・オリヴァーなど現代の有名シェフや食べ物関連の仕事に就く著名人は、孤児からシェフになったこのフランス人の流れを汲んでいるといえる。

カレームはまもなく独立して、18世紀後半にはフランスの重要人物のために料理を作るようになっ

アルバ産の白トリュフとペリゴール産の黒トリュフ

た。とりわけ外交官のシャルル＝モーリス・ド・タレーラン＝ペリゴール（現在は略してタレーランというのが一般的だ）のシェフになったことが、カレームの地位を一気に押し上げる。タレーランはフランス南西部にあるペリゴールの伯爵家に生まれた。この地域は現在ラスコー洞窟で観光客に人気だが、当時はフランスでも開発が遅れた貧しい地域に属していた。丘が多く深い森が広がっており、当時フランスの主な産業だった農業に適していなかったのだ。だが、ペリゴールにはある強みがあった。トリュフだ。

## ◉イタリアの愛国者カレーム

数世紀にわたる、トリュフ文化の「重力の中心」の変遷を探るのはじつに興味深い。ローマ時代、最も有名なトリュフは北アフリカ産だった。ルネサンス期の著作家は中央イタリアとトリュフを結びつけることが多く、とくにプラティナはウンブリア州スポレート近く、アペニン山脈中腹の町ノルチャでトリュフを探すブタのことを取り上げている。18世紀になると、ピエモンテ産の白トリュフが最高級品種の地位を得た。前章で述べた通り、これはピエモンテがヨーロッパ政治において地位向上を

トリュフハンターが喜びを感じる瞬間。ひと握りのトリュフ。

果たしたことが影響していると思われる。さらに、ヨーロッパ外交でサヴォイアの歴代君主がより重要な役割を果たした要因には、このトリュフの多大な貢献もあったに違いない。

1776年、トリノ大学で修辞学の教鞭を執っていたジョバンニ・ベルナルド・ヴィーゴはラテン語で書いた本を出版する（書名は『*Tuber terrae: Carmen*』。ざっくり訳すと「大地のトリュフ」だ）。形式は紀元前1世紀のローマ詩人ウェルギリウスの農業に関する教訓的な詩集『牧歌・農耕詩』に倣（なら）っている。『大地のトリュフ』の出版により、「ガストロショーヴィニズム」に根差した熱い戦いの火蓋が切られることになった。

「ガストロショーヴィニズム」はトリュフの歴史を専門に研究しているレングニエル・リテルスマの造語で、ある作物や食の伝統において「自国（または地域）が最もすぐれている」と主張する食の排他主義を指す。リテルスマは18世紀後半から19世紀前半にかけて存在したフランスとイタリアの食にまつわる敵対関係を研究した。この研究はピエモンテの外交政策におけるトリュフの役割を記した彼の著作と同様、トリュフの歴史において重要な位置を占めるものだ。

ヴィーゴは博物学者ではなく修辞学の教授であり、当時それは（他のヨーロッパの上流階級層と同じく）ラテン語とギリシアの古典に精通していることを意味していた。彼があえてウェルギリウスの『牧歌・農耕詩』を模したことから、『大地のトリュフ』の内容がすべて教訓的というわけではないことがわかる。ローマの初代皇帝アウグストゥスへの賛歌として著作を書いたウェルギリウスのように、ヴィーゴもまた筋金入りの愛国者だった。彼に言わせれば、ピエモンテとその君主は

ペリゴール産黒トリュフは、常にカレームの主菜に使用されていた。

神に与えられたものである、このことはサヴォイア家が政治の領域でこれほど出世したこと、ピエモンテが豊富な自然の恵み――白トリュフも含めて――を受けていることからも明らかだというのである。「トリュフはじつに特殊な果実であり、このイタリアのアルプス山麓地域の特産である（ここ以外には存在しない）。よって、最高級のトリュフを求める者は、この土地以外に行っても無駄足を踏むことになるだろう」

ヴィーゴはこの本の献辞のなかで、イタリア人のなかにはトリュフを求めて他国に赴いた者もいたが、結局はピエモンテ産白トリュフが最高だと再認識して帰国したと述べている。そして、当時ヨーロッパの食文化の見本ともいうべき存在だったフランスを名指しし、フランスのトリュフはピエモンテ産のものに

ペリゴール地方の典型的な田園風景。トリュフはこのカシの木の森に密生する。

比べて質が悪いと言ってのけたのだ。リテルスマによれば、このヴィーゴの見解は18世紀終盤の政治状況を反映しているという。ピエモンテ君主らは、自国の政治的未来は西部のフランスではなく南部のイタリア半島にあると気づき始めていた。

愛国心をことさらに誇示したのはヴィーゴだけではない。1788年には同じくトリノの学者ヴィットリオ・ピコが著書を出したが、そのなかで彼はピエモンテ産の白トリュフに「王家のトリュフ」という意味の「*Tuber magnatum*」という学名をつけた。どうやらピコはこの名(彼の指す王家とはサヴォイア家のことだ)を王家に仕える役人の「助言」を受けて提案したらしい。フランスの博物学者は強く異議を申し立てたが、結局この学名が採用された。

## ◉トリュフ文化の中心はフランスに

ヴィーゴの著作やピコの少々大げさな学名の甲斐なく、19世紀初頭にはトリュフ文化の中心はフランスに移行し、その後150年以上も続くことになった。これは、3つの大きな歴史の流れに起因している。ひとつ目はその名の通りフランスで始まった食のフランス革命だ。体液システム説とこれに基づく「トリュフを食べると胆汁が生じる」という偏見はようやくヨーロッパ全域で廃れつつあったが、必ずしも健康のためでなくただおいしいからという理由で食物を選んだのはフランス人が初めてだったのだ。ふたつ目の理由は、フランス革命時、またその後ナポレオンによって行政改革がなされ、地方分権が強化されてきたことだ。そして3つ目は、増加しつつあった中流階級層が富と教養を知らしめようとやっきになったことだった。

こうした歴史的ともいえる急速な発展により、フランスのトリュフ市場も強大な影響を受けた。トリュフは革命時には禁止されていたのだが、ナポレオンの時代には非常に人気の食材となっている。フランスの有名な美食家ジャン・アンテルム・ブリア＝サヴァラン――「ふだんなにを食べているか言ってみたまえ。そうすればきみがどんな人間か当ててみせよう」という格言で知られている――は、トリュフを「台所の宝石」と呼んだ。トリュフの新たな人気がこの言葉を生んだのか、それとも逆にこの言葉がトリュフ人気を高めたのかはわからない。さらに、ナポレオンのエジプト遠征をきっかけにあらゆる異国風のものがもてはやされるようになり、トリュフもその恩恵にあずかることになる。リテルスマいわく、トリュフは「自国で生まれた異国風の作物」だった。『フランスの料理人――17世紀の料理書』［フランソワ・ピエール・ラ・ヴァレンヌ著。森本英夫訳。駿河台出版社］の時代に比べ、この時代は地域の特色を打ち出した料理が体系化されて人気を博し、地元料理のレシピ本も出版されるようになった。ペリゴール地方の料理も国内に広まり、ほかの地域に住むフランス人にもトリュフが知られるようになったのである。もっとも、ペリゴール以外にもフランスで黒トリュフ（学名 *Tuber melanosporum*）が生育する地域があったことは確かであり、質という点でもペリゴールが最高というわけでもなかった。ただ、この地域が一般的に美食で知られていることから、ペリゴール産トリュフの価値が高まったのだ。

冬の黒トリュフはペリゴール・トリュフと呼ばれるようになったが、需要の増加から「ペリゴール・トリュフ」と印刷されたパッケージの多くはじつはフランスの別の地域か、もしくは中央イタリアで採れたものだった。黒トリュフ人気が急速に広がり、イタリアのピエモンテ産白トリュフは下火になっていく。１８３６年、あるフランスの批評家はこんなことを述べた。

このトリュフはほとんどニンニクの味しかせず、美味なる風味にも、本物の上質なトリュフだけが持つ魅惑的な芳香にも程遠い。ピエモンテ産トリュフのなんとまずく、劣悪な風味であることか……このような質の悪いトリュフに喜ぶ美食家など誰もいない……本物の上質なトリュフが手に入るのはフランスだけだ。洗練された美食家にふさわしく、当節多くの人々に愛されているのはフランスのトリュフなのである。

カレームもこれに同意見だったようだ。彼の料理書『パリの宮廷菓子職人 *Le Pâtissier Royal Parisien*』の「一品目の温かいパイ菓子」という項目の最初に登場するレシピはトリュフ入りシギのパイだ。ほどよい大きさの8羽のシギを選ぶ。羽毛を焼き取ったら首と足を取り除き、半分に切る。背骨を取り、内臓をナプキンで抜き取っておく。ソース鍋に溶かしたバターと薄く削いだベーコン約110グラムを入れ、さらに細かくきざんだパセリ大さじ1、マッシュルーム大さじ2、トリュフ大さじ4を加えてからキジ肉を入れる。

このレシピではあと2回トリュフを使う。パイ生地にのせたシギ肉の隙間を薄切りのトリュフで埋め、パイをオーブンで焼いたあとにもきざんだトリュフを振りかけるのだ。その次のレシピ、トリュフを使った温かいキジ肉のパイも手順はほぼ同じである。さらに、マッシュルーム入りのウズラパイのレシピの最後には「このパイにトリュフを使う場合は、前述の2種類のレシピを参照せよ」と書いてある。その後、この項にはヒバリのパイ、牛の上顎(うわあご)を使ったア・ラ・モングラ、ア・ラ・マリナー、ア・ラ・モデルヌなど数ページにわたってレシピが載っているが、ほぼすべてのメニューに共通して使用されている食材はトリュフだけだ。

カレームはただ単に19世紀のトリュフ熱にとりつかれていただけかもしれないが、別の可能性もある。彼は外交官タレーラン家専属のシェフに応募した際、1年分の予算を使ってすべて異なる豪華な料理を作るよう命じられたという伝説がある。才能にあふれた若きシェフはこのテストに合格し、タレーラン家のシェフの仲間入りをした。そしてさまざまなことを学び、のちにヨーロッパで最も有名なシェフとなったのである。

彼が秘蔵の食材としてトリュフを使うようになったのはいつ頃からなのか、それを知る術はない。関連する文書もなく、カレーム自身過去についてくわしく語ろうとしなかったからだ。それでも、カレームが黒トリュフに夢中になったのはタレーラン家の厨房にいた時期だという推察はできる。前述したように、タレーランの正式な名はシャルル＝モーリス・ド・タレーラン＝ペリゴールだ。ということは、タレーランが自分の故郷に生育する地下の宝物をカレームに教えたのであり、その逆ではないのではと考えずにはいられない。

ナポレオン戦争がようやく終結し、1814年にタレーランがフランス代表としてウィーンに赴いた際にはカレームが同行している。ヨーロッパの将来を握る人々が集うサロンには姿を現さなかったものの、カレームのフランス外交への貢献度は彼らと同じく大きかったと伝えられている。彼は各国の外交官に完璧な料理を用意し、通説では――おそらく言い出したのはカレーム本人だろう――ウィーン会議を締めくくるメニューは彼のトレードマークでもあるトリュフ料理だったということだ。

## ◉ガラス容器からブリキ缶へ

カレームがパリで父親に捨てられてから百年のあいだにフランスのトリュフ生産高は史上最多になったといっても過言ではない。1898年には、トリュフは一部の富裕層だけが楽しめる美食家向けの食材から、フランス人全員――むしろヨーロッパ全土と言うべきか――が日常的に口にする食物になっていた。ヨーロッパの引っ込み思案なキノコが一気に大衆化した背後には、ふたりの男の存在がある。ニコラ・アペールとオーギュスト・ルソーだ。フランスの端と端で生まれたふたりのおかげで――アペールはシャンパーニュ近く、ルソーはヴォクリューズ県のカルパントラだ――庶民や産地から遠く離れた地域の住民も、トリュフを手軽に食べられるようになったのである。

ニコラ・アペールは1750年に生まれた。父親は居酒屋を営み、酒の醸造や料理の真似事もしていたという。子供だったアペールも父親を手伝ううちに料理の腕を磨き、やがて多くの貴族に料理を供するシェフとなる。根っからの企業家だったアペールは、王女の料理番という安定した、だが退屈な職を辞してパリで菓子店を開く。そして、生来のチャレンジ精神で実験を重ね、保存食品の味を改良して日持ちする期間を伸ばすことに成功したのである。

当時主流だったのは塩漬けにするか酢や油に浸すやり方で、保存する食物の味が変わってしまうことは避けられなかった。かつてヨーロッパ中の貴族や王族、皇族たちがトリュフを欲したのは、新鮮な味を保つことがむずかしかったということもあるのかもしれない。傷みやすいトリュフはすぐに腐る。大半のヨーロッパ人がトリュフを食べるには、16世紀のシェフ、クリストフォロ・ディ・メッシスブーゴの言葉を借りれば「早馬か中身の詰まった財布」が必要だった。新鮮なトリュフを入手できるのは、トリュフが自生している森に馬で6〜7日以内で到着する地域に限られていたのである。だが、アペールがそれを変えた。

アペール自身は正確な理論はわかっていなかったものの、科学者ルイ・パスツールが『ワインの研究 *Etudes sur le vin*』（１８６６年）を出版する数十年前に、低温殺菌法をとにもかくにも編み出したのだ。アペールは古いワインボトルにスープやソースを入れ、きっちり封をしてから沸騰した湯で数時間煮沸した。現在でも夏になると同じことをする人は多く——煮沸したものを今度は水を張った容器に浸す、自宅でできる保存方法だ——これは比較的簡単なやり方に思われる。しかしアペールの場合、ことはそう簡単ではなかった。当時はバクテリアなどの細菌に対する理解がなかったため、衛生面はほとんど重要視されていなかったのだ。

アペールは一心不乱に実験を重ね、病的なまでに清潔な環境にこだわることで実験結果が向上することに気づく。だが問題は瓶の封で、使用するコルクは穴が多すぎた。そこに気づいた彼は、木目の方向を変えて糊で何層か貼り合せたコルクを自作した（こうすれば空気が瓶に入り込まない）。このコルクで瓶に封をして針金で結び（見た目はシャンパンのボトルのようになる。アペールの周囲には常にシャンパンの瓶があっただろうから、そこからヒントを得たのかもしれない）、樹脂で覆うのである。

現在見受けられる缶詰は、アペールの発明品が基になっている。

30年間にわたる実験の末、アペールの苦労は報われた。彼は殺菌消毒の全工程を完成させ、国の審査委員会に提出する準備を整えたのだ。委員会がパリ郊外のアペールの実験室を訪れると、そこには広大な庭と大きな銅製のヤカン、口の大きな何百というガラス瓶があったという。アペールは委員会の面々が見守るなか、保存する食品を瓶に入れ、殺菌のための一連の作業をおこなった。一か月後、委員会の面々が再び訪れて検査したところ、驚いたことに瓶の中身は一か月前と同じ新鮮さを保っていたのである。フランス政府は、この発明と工程を一冊の本にまとめたら多額の報奨金を出すと提案する。ナポレオン戦争が勃発していた1809年、イギリス海軍の封鎖によって輸入が打ち切られていたフランスは自給自足を強化する方法を切望していたのだ。フランス海軍は早速アペールの手法で保存した配給品を使用している。

ではアペールは愛国者だったかというとその逆で、イギリスの特許を確保するために二重スパイまがいのことをやっていた節すらある。一時的に休戦になったときにはイギリスを訪れ、出版したばかりの本に載せた殺菌方法をイギリスの発明家グループに売りつけていたようだ。発明家のひとりは錫(すず)メッキを使った実験をしており、その工場はまもなく食品を保存するための缶を作るようになる。これが、現在何千種類もある缶詰の前身となった。

1815年にウォータールーの戦いでナポレオンが敗北してヨーロッパに平和がもたらされると缶詰業界は大ブームを迎えるが、アペールの老後は安泰というわけにはいかなかった。彼は運不運の波が激しく、残念ながら不運の時期に亡くなっている。1841年、アペールは質素な松材の棺に納められて埋葬された。当時、松材の棺は貧しい者のための棺と決まっていたのである。

## ●テロワールとトリュフィエール

オーガスト・ルソーがトリュフの歴史にどう貢献したかを理解するには、パリで1855年に開催された万国博覧会を振り返る必要がある。これ以前に開かれた同様の博覧会(それがゆくゆくは世界博覧会に発展する)の目玉は文化や産業の産物だったが(たとえば1851年のロンドン万国博覧会の水晶宮など)、1855年の博覧会はフランスの農産物に着目したものとなった。それは、この博覧会の正式名称が「農産物・産業・美術の万国博覧会」であり、「農産物」が最初にきていることからも明らかだ。この博覧会はフランス皇帝ナポレオン——あのナポレオン・ボナパルトではなく、甥にあたるナポレオン3世——の発案だった。パリの万国博覧会と聞いてまず思い出されるのは、皇帝がボルドーワインの仲買人たちに命じたワインの産地による格付けだが（この格付けは今も続いている）、この催しはフランス中の豊かな農産物を紹介する場でもあったのだ。博覧会は、フランス革命により強化された「地域性を重んじる」風潮の高まりと、テロワール（terroir）という概念を暗に支援するものだった。フランスで生まれた「テロワール」の概念はたいてい「その土地の味覚」と訳されるが、考え方としては、農畜産物はそれぞれの土地によって異なる物理的条件（土壌の性質、降水量、高度）と文化的相違（食品製造における伝統的な手法）との唯一無二の結びつきを得て生産される、場所が違えば同じものは作れない、というものだ。たとえば、シャンパンとはシャンパーニュ地方で採れたブドウを使って伝統的な製法で醸造したものだけをいい、パルメザンチーズはパルマでのみ、ニューキャッスル・ブラウンエールはニューキャッスルでのみ製造されるということである。この概念を実証するのは非常にむずかしいが、19世紀半ばの（そして今の時代の）美食家に大きな影響を与えたことは間違いない。

テロワールという考え方は、（一定の制限内で）好きなだけ生産を増やすことができる生産物の場合は問題ない（スティルトンチーズの需要が増えればスティルトン周辺の牧場で飼育する牛の数を増やす、などという場合）。だが困ったことに、テロワールが浸透するにつれて、自生しているものを採集するしかない稀少なペリゴール産トリュフの需要も増えていった。そんなとき、1855年のパリ万国博覧会で、カルパントラ出身のオーギュスト・ルソーという若者がある発

ペリゴール産トリュフ栽培用のトリュフィエール第1号は、ヨーロッパ南部の自然生息地の外側に作られた。この写真のトリュフィエールはカリフォルニア州メンドシーノ郡レイトンビル近くにあり、1987年に生産が始まっている。

明を発表した。この発表がトリュフの食文化を大きく変えることになる——トリュフ栽培用の人工林トリュフィエール（truffière）とトリュフの缶詰だ。

トリュフィエールもトリュフの缶詰も、じつを言えばこれより以前から存在していた。早くも1808年には、フランスのヴォクリューズ県出身のジョゼフ・タロンの発見により、トリュフが自生する森でカシの木の下にドングリを蒔くと木の周囲の土にトリュフが繁殖することがわかっている。しかしタロンは科学者というよりは実業家気質であり、この発見を誰にも告げずにヴォクリューズの荒れ地をせっせと買い上げては、トリュフの宿主（しゅくしゅ）となるドングリを蒔き続けたのである。もちろん、彼にはなぜこの方法でトリュフが繁殖するのか正確な知識はなかった。

じつのところ、この仕組みをきちんと理解していたのは、トリュフもほかのキノコ類と同じだと認識していた一部の優秀な科学者だけだ。彼らは研究をまず胞子の段階から着手し、その後子実体（いわゆるトリュフ本体）が形成され、やがてそのなかにまた胞子が発生するまでを観察したのである。子実体は熟すとさまざまな香りを放って動物を惹きつける。そして、丈夫な胞子はトリュフを食べた動物の排泄物に混じって森の別の場所でまた繁殖するのである。だが、微生物学は当時まだ揺籃（ようらん）期にあり、この過程を本当に理解している者はほとんどいなかった。だからこそフランス人はトリュフの繁殖を「大いなる謎」と呼んだのだ。そして今、その謎はすでに解明されている。タロンが蒔いたドングリの根がトリュフの胞子に植菌（しょくきん）されて繁殖に結びついていたのである。トリュフの栽培が周囲に生えている木すべてで成功したわけではないが、時間と労力をかけただけの成果は得られた。

## ●トリュフの科学史

本書でこれまで述べた通り、そもそもトリュフとはなにか、どのように発生するかという観念は時代と共に変わってきた。紀元前4世紀のギリシアでは哲学者テオプラストスが「（トリュフは）種から生育する、またその可能性があると信じる者もいる」と書いた。それから2世紀が経ち、ギリシアの詩人で医師のニカンドロスは、トリュフは「内部熱によって泥炭が変化したもの」かもしれないと記している。紀元前1世紀のローマの雄弁家キケロになるとわずかに理解が深まり、砂漠のトリュフを「大地の産物」と呼んだ。一方、ローマの博物学者大プリニウスはこんな疑問を呈している。「この不完全な大地の植物は……果たして生育するのか、そもそも生物なのか生物でないのか、という疑問に私は容易に答えられない」。彼は雷雨がトリュフの繁殖に影響をおよぼすと考えたが、2世紀の著作家アテナイオスも同じことを書いている。

諸々の疑問について、ひとつだけ断言できる事実がある。すなわち、トリュフは秋雨が激しい雷雨を伴った際に繁殖するらしいということだ。雷が鳴ればそれだけ繁殖も促進される。おそらく大切なのは雨よりも雷なのだ。

それから13世紀を経ても、ヒエロニムス・ボックの「過剰な水分」説などトリュフの生育に対する理解はさほど深まっていない。同じ時代の植物学者ジョン・ジェラルドはトリュフを「塊根状（かいこんじょう）の出っ張り」と呼んでいた。

トリュフの胞子について初めて言及したのはイタリアの博学者ジャンバッティスタ・デッラ・ポルタ（1535〜1615）だ。彼は1588年にこう記している。

キノコからとても小さな黒い種を採集することに成功した。柄から傘の辺縁（へんえん）へと伸びた楕円形の房、つまりひだの奥に潜んでいたのだ。主に石に生えるこのキノコから落ちた種が蒔かれ、

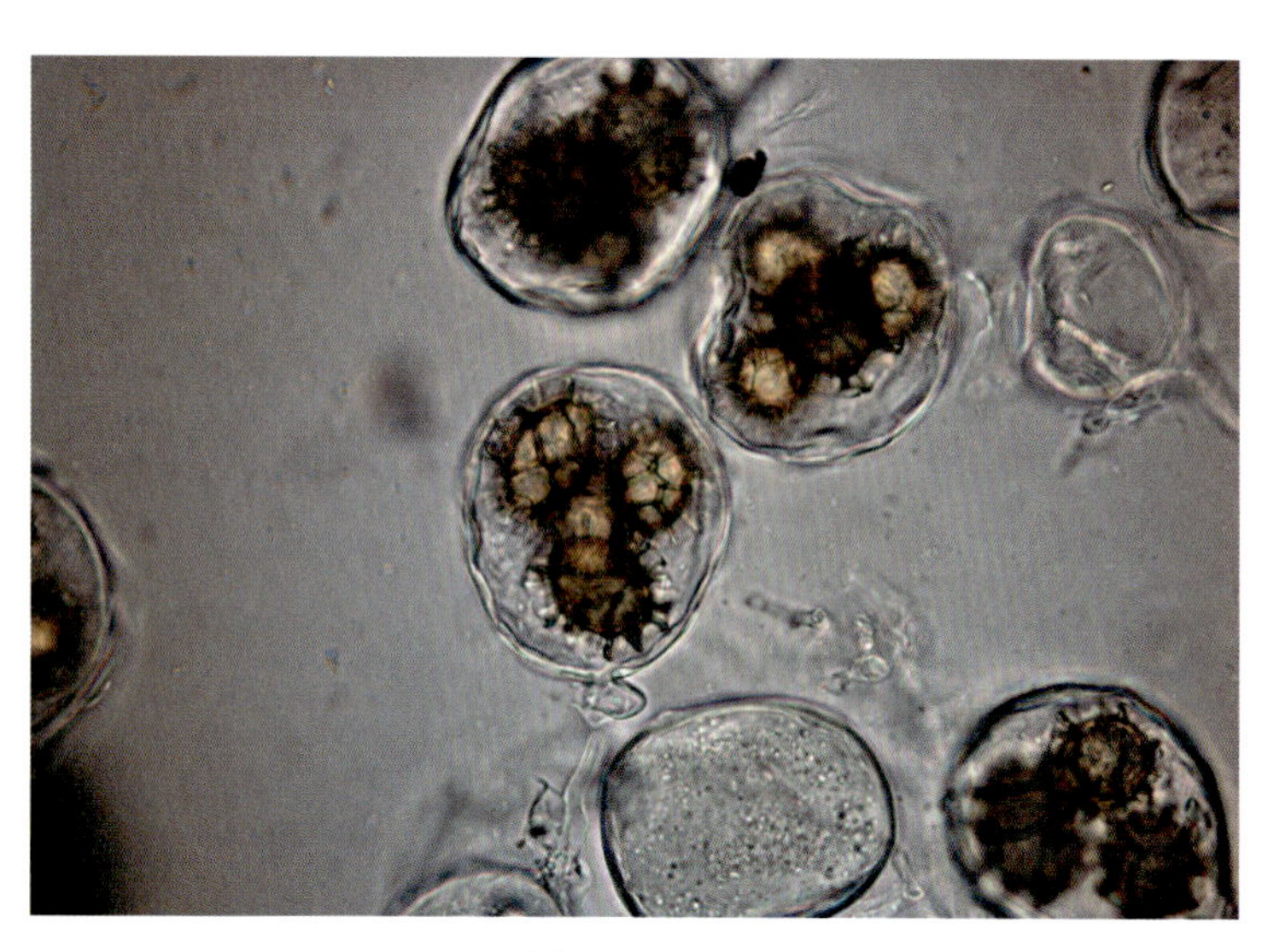

子嚢のなかの胞子

繰り返し繁殖する……トリュフの内側には黒い種が隠れていたのだ。

しかし、デッラ・ポルタは時代を先取りしすぎたようだ。1623年、スイスの博物学者ギャスパール・ボアンはボックに同調し、トリュフは「土や樹木、腐った木片、その他腐りかけの物質の余剰水分に過ぎない」と記した。同じく博物学者のタンクレッド・ロビンソン準男爵は、1690年頃にこの「キノコまがいのもの」に好意的な文章を書いているが、これを読むと彼がキケロや大プリニウスの文献を読んでいたことは明らかだ。

この塊がなんであるか、古代でも現代でもその答えは出ていない。大地で育った硬いこぶという者もいれば、地下に生えるキノコだと言う者もいる。

19世紀半ばになっても、トリュフについて確かなことはただひとつしかなかった。フランスの小説家アレクサンドル・デュマの文章がそれを的確に表現している。

これまで、最も優秀な学者たちがこのキノコについて調査をおこなってきた。二千年にわたる論争と討論の末に出た答えは、最初から変わっていない。それは「わからない」という答えだ。トリュフは調査の対象であり続け、そのたびに単純な答えを人類にもたらしている――「われを食べ、主を称えよ」と。

この文章をデュマが書いた1847年、オーガスト・ルソーはこれまでより体系的な実験をおこない、その結果植えて7年目のカシの若木の下に初めてトリュフが発生した。ちょうど1855年の万国博覧祭での発表に間に合ったのである。もっとも、彼が受賞したのはトリュフィエールの先駆者のひとりだからではなく、アペールの技術を基にトリュフを缶詰にする技術を改良した功績によるものだ。トリュフの缶詰を産業のレベルで生産可能にしたとして、博覧会は彼に「一等賞メダル」を授与したのである。しかし、それほど大きな規模で缶詰を生産するということは、それだけ大量のトリュフが必要になるということだ。そして、トリュフの生産高が劇的に増加する時代は19世紀終盤にやって来る――それはあの有名なペリゴール・トリュフではなく、プロヴァンス産のトリュフだった。

## ◉「木を植えた男」

フランスの作家ジャン・ジオノはプロヴァンス地方マノスクに生まれた。読書好きの思慮深い少年で、家計を助けるために退学して銀行で働くようになってからも古典文学を夢中で読み続けたという。第一次世界大戦に出征した彼は、停戦になるとマノスクに戻って結婚し、この地に落ち着くことになる。最も有名な作品『木を植えた男』（1953年）［寺岡襄訳。あすなろ書房］は、1910年にプロヴァンス地方をあてどなく旅していた「私」の物語だ。「私」は荒れ地を歩き続けている。以前は村や畑、さらさらと流れる小川があった場所だが、今は木々もなく、誰もが見捨てた土地だ。ひとりで暮らす羊飼いの男をのぞいては。

ルゼアール・ブフィエと名乗る羊飼いは疲れきった「私」に夕食を用意し、自分の小屋に泊まらせる。食事の際に少し言葉を交わしたあと、男は袋いっぱいのドングリをテーブルの上に広げて1個ずつ丁寧に選り分け、きれいなものを100個用意した。翌日、「私」は羊を連れたブフィエと荒れた丘に向かい、彼がステッキを地面に突き刺してドングリを地面に植えていくのを見る。

「私」は男と別れ、物語は1920年へと飛ぶ。第一次世界大戦に出征した「私」は人生に失望し、再びプロヴァンス地方を旅することにした。あのときと同じ場所を訪れると、そこはもはや荒れ地ではなく、何千という若木が成長していた。ブフィエはまだその地に住んでいたが、木をかじるかもしれないということで羊は手放し、養蜂を営んでいた。

再び小川に水が流れ、貧弱な低木だけがまばらに生えていた土地に青々とした草が生えていることに「私」は驚く。それから毎年この地に足を運ぶと、そのたびに森は広く、深くなっていた。政府はこの森を「自然に復活した森」として注目し、その一部を国有林に定める。かつての住人たちは、一度は見捨てたこの地に戻って村を復活させた。そしてブフィエは自分ひとりで荒れ地を森として蘇らせたことに満足しつつ息を引き取ったのである。

ジオノはこの作品を出版したい者にはすべて許可を与えたため、この心を打つ物語は多くの人々を魅了することになった。実際にあった話だと思う者も多かったが、ジオノは1958年にマノスク近くの町の町長宛に書いた手紙のなかでその意見を否定した。

拝啓　がっかりさせて申し訳ないが、エルゼアール・ブフィエは実在の人物ではありません。この本の目的は木を好きになってもらうこと――より正確には、木を植えることを好きになってもらうことでした（これはずっと以前から私が抱いている思いです）。そして、結果から見れば、その目的はこの架空の人物によって達成されたようです。この本はこれまでデンマーク語、フィンランド語、スウェーデン語、ノルウェー語、英語、ドイツ語、ロシア語、チェコスロバキア語、ハンガリー語、スペイン語、イタリア語、イディッシュ語、ポーランド語に翻訳されています。

私はこの本に関する一切の著作権を放棄しています。最近、あるアメリカ人からこの本を10

ヴォクリューズ県のモン・ヴァントゥの森は再び蘇った。

万部刷り、アメリカで無料配布したいと許可を求められました（当然ながら許可しました）。ウクライナのザグレブ大学ではユーゴスラビア語に翻訳したとのこと。この作品は、私が最も誇りに思うもののひとつです。利益はもたらしてくれませんが、この作品のおかげで目的を達成することができたのですから。

可能であればお会いして、この作品の効果的な利用方法について話し合いたいものです。今こそ「木の政治」を生み出すべきときです。もっとも、「政治」などという言葉は非常に場違いに思えますが。

敬具

ジャン・ジオノ

ジオノの死後、彼の娘もこの作品を「昔から家族のなかで語られていた物語」だと話していた。最近まで誰もがそう思っていたが、レングニエル・リテルスマが南フランスのヴォクリューズ地方を調査したところ、別の可能性が出てきた。今では『木を植えた男』が少なくとも実在した人物をヒントに作られたことは広く知られている。その人物とは、ヴォクリューズ出身のデュランド・サン・アマンドだ。

ヴォクリューズには農業に向く平野もあるが、その大部分を山地が占めている。なかでも最も特徴的なのはモン・ヴァントゥ山だ。その名（「風の強い山」の意）を聞けば、実際に足を運んだことがなくともローヌ渓谷や豊かな自然を吹き抜ける冷たいミストラル［フランス南東部に吹く北風］が思い浮かぶはずだ。畑には不向きな土地が多く、また冷たい北風に苦しめられていたため（正確にはこちらが主な理由だろう）、ヴォクリューズでは何世紀にもわたり丘陵地帯の木が伐採されてきた。18世紀後半の深刻な経済不況（これがフランス革命の発端となった）はこの状況に拍車をかけ、革命の混乱期に求心力のある中央政府がなかったことで、伐採はさらに進んでいた。

ナポレオン統治の時代になるとより厳しい政策が実施されたが、時すでに遅しであった。モン・ヴァントゥとその周辺を視察したある役人は、ヴォクリューズの役人たちに厳しい言葉を浴びせている。

> 今こそ最後の審判のラッパを吹き鳴らそう。ヴォクリューズの住人よ、立ち上がるのだ……見事に耕した畑を誇りに思う人々は、荒れ果てた山に登ってみるがいい。山からすべてが失われてもう随分時間が経つ。山の斜面や台地には腐植土も見当たらない……かつては美しく、谷を

黒トリュフの胞子を摂取させたトキワガシ（学名 *Quercus ilex*）の苗木

肥沃にしていた大小の川も水が尽きてしまった。生気に満ちていた木立も、壮大な森も、今は低木と枯れた木々の集まりだ。

これは1866年、万国博覧会開催、そしてルソーが人工のトリュフィエールやトリュフの缶詰の改良法を発見して11年後のことだ。その後わずか9年のあいだに、6万7000ヘクタール――この地方全体の6分の1――にカシの木のトリュフィエールが作られたのである。

この信じがたい偉業に関わったのがデュランド・サン・アマンドだ。彼は貧しい羊飼いではなく、ヴォクリューズの県知事だった。これまでも丘陵地帯に木を植えるようヴォクリューズ県の自治体に長年働きかけてきたが、これといった成果は得られていなかった。そんなとき、1855年にルソーの発見を知って一石二鳥のアイデアを思いつく――カシの若木の根にトリュフの菌根（きんこん）を摂取した感染苗木で森を再生することだ。

サン・アマンドは早速ルソーのトリュフィエールについて記した公文書を、ヴォクリューズの全市長に送付した。さらには、越権行為すれすれだったようだが、この森林再生に着手するために政府の臨時金を使用する権限を市長たちに与えたのだ。もうひとつ、この森林再生運動には魅力的な要素があった。当時何千ヘクタールものブドウ畑でアブラムシによる被害が頻発しており、対処法は莫大な費用をかけて病虫害対策を講じたのちに再び同じ土地でブドウを栽培するか、その土地をあきらめるかの二者択一だった。そこにサン・アマンドが第3の選択、つまりその土地にトリュフの感染苗木を植えることを提案したのである。

成果は迅速かつ劇的に形となって現れた。歴史の観点からすればほんの一瞬ののち――つまり9年後、荒廃した土地を若木が覆い始めたのだ。カシの感染苗木の影響は絶大だった。苗木は森の生物の棲家となり、地表近くの気候や地面の保水性も改善し、土地の浸食を食い止めたのである――ちょうど『木を植えた男』の物語のように。しかも、森はただの広域な公園ではなく、その一部は県の特産物であるトリュフが一面に繁殖する生産地となった。

サン・アマンドが文書を通達し、臨時金を投入してわずか20年後の1875年、ヴォクリューズ産トリュフの年間収穫量は450トンになった。そして1900年には700トンになっている。近年フランスで採れるトリュフの年間平均が30トンを下まわっていることを考えれば、これは驚異的な数字だ。ヴォクリューズのトリュフは美食家の腹を満たしただけではなく、アペールとルソーの技術を用いて缶詰に加工されてフランス各地に送られ、さらには国外に輸出された。19世紀終盤はトリュフ生産だけでなく――南フランス各地ではこぞってトリュフを植菌したドングリを埋めるようになっていた――その流通においても革命が起きた時期といえるだろう。

このふたつの話にはかなりの共通点がある。ジオノの『木を植えた男』では、羊飼いの男がドングリを植え、10年のあいだにプロヴァンス全域の森を再生した。そして現実の世界では、ひとりの知事が市長たちに働きかけてトリュフを植菌したドングリを植えさせ、10年も経たないうちにやはりプロヴァンス全域の森を再生したのである。

ジオノがサン・アマンドの文書を目にした(ジオノは1895年生まれで、文書が書かれたのはその40年前だ)、または彼の業績を知っていたなどの記録は残っていない。だが、荒廃した土地に瞬く間に広がった奇跡の森の話はジオノの耳にも入っていたに違いない。彼が育ったのはアルプ=ド=オート=プロヴァンスという、モン・ヴァントゥを挟んでヴォクリューズの反対側にある県だ。ジオノは少年時代をマノスクですごしたが、この地はヴォクリューズ県の県庁所在地アヴィニョンから直線でほんの80キロ強である。

『木を植えた男』がまったくのフィクションなのか、1860年代に実際に起こった出来事をヒントに創作されたのかはわからない。だが、ヴォクリューズは今でもフランスのトリュフ生産の中心地だ――そしてそれは「木を植えた男たち」が成し得た偉業なのである。

# 第5章◉世界各地のトリュフ

最も知恵を持つ人々は秘密を突き止めようと追い求め続け、種子が見つかることを夢見た。だが、約束は果たされず、植え付けはしても収穫は得られなかった。おそらく、それでも問題はないのである。トリュフがこれほど珍重されるのはその高値ゆえだ。安価であれば、それだけ有難みも薄れることだろう。

――ジャン・アンテルム・ブリア＝サヴァラン（１８２５年）

## ◉大量生産と生産危機

近代初の美食家として広く知られるブリア＝サヴァランは、トリュフを「キノコの宝石」と表現した。これは彼が意図したより正確な比喩になったようだ。実際のダイヤモンドの場合、大量に採れたときには稀少性を保つために市場に出す量を制限することはよく知られている。このように、需要と供給の法則が価格に影響を与える実際の例を知りたければ、強い芳香を放つごつごつしたキ

近年の黒トリュフの価格はあまり高くないが、ペリゴール産黒トリュフは1キロで1000ユーロもする。

ノコにまつわるふたつの出来事をみれば一目瞭然だ。ひとつは19世紀終盤に起こった途方もないトリュフの大量生産が価格に及ぼした影響、そして第一次世界大戦開戦から第二次世界大戦終結のあいだに起こったトリュフの生産危機が価格に及ぼした影響である。

人工のトリュフィエール開発によってトリュフの生産高が大幅に増えた結果、価格は1914年で1キロ当たり10フラン、同年のジャガイモと同じ価格にまで下がった。トリュフはフランスの大半の家庭で入手できる食材となり、また富裕層であれば好きなだけ大量に買うことが可能になったのである。実際に、フランスの著作家で美食家でもあったモーリス・エドモン・サイヤン（通称キュルノンスキー）は、パリのある上流階級の女性に「トリュフをどんなふうに召し上がる？」と聞かれてこう答えている。「マダム、私はたっぷり食べるのが好きです。

ヴォクリューズに多く見られるトリュフィエールでトリュフを探すフランスのハンター。

それはもう、お腹いっぱいになるくらいに」

第一次世界大戦中は、1キロ3フランとさらに価格は下落した。皮肉なことに、深刻な森林破壊後に再生した多くの森はこの時期またもや伐採されている。トリュフを木に繁殖させるよりも、切って薪にしたほうが儲けが大きかったからだ。戦争がもたらした破壊は経済面だけに止(とど)まらない。トリュフの収穫量減少の理由としてよくいわれるのは、多くのトリュフハンターが戦場で命を落とし、どの森のどの場所で良質なトリュフが採集できるかという知識が封印されてしまったという説だ。

だが、収穫量激減の本当の理由は、都市部への長期間にわたる人口流入にあった。ヨーロッパ各地の人々は田舎から小さな町へ、小さな町から地方の中心都市へ、地方の中心都市から大都市へと移り住むようになっていたのだ。工業化社会は地方の営みの死に直結し、やがて農民の暮らしは博物館か、フランスのすぐれた農産物を国が保証する制度、ＡＯＣ（Appellation d'origine contrôlé アペラシオン・ドリジーヌ・コントロレ）を通してしか知ることはできなくなっていった。フランス人は田舎を――そして物不足で困難な田舎の生活を――捨てようとする一方で、田舎で作られる生産物は、あのアペールに倣って最高の状態のものをガラス瓶に閉じ込め、一年中味わいたいと考えたのである。

トリュフの森は伐採されるものもあれば、放置されて荒廃するものもあった。荒廃した森は「腐敗」する――多くの人はあまりぴんとこないかもしれないが。トリュフが繁殖するのは、宿主（しゅくしゅ）となる木の周辺に草や低木などが少ない場合だ。当時フランスの大部分はまだ田舎で、小作人は低木を切り倒して薪にし、木々の下に生える草を家畜に食べさせて放牧していた。それがトリュフの大量収穫に役立っていたのだ。ところが彼らが都市に移住して工場で働き始めると、森はどんどん深く暗くなった。トリュフの数は減り、当然価格は高騰した。

１８６８年にはフランスで年間に１５３４トンほどのトリュフが収穫されていたが、第一次世界大戦後の１９２０年には４５１トンにまで落ち込んでいる。２０１０年の総収穫量は32・３トンで、１８６８年の５分の１だ。１９５０年代には、容易に入手できなくなり価格が高騰したトリュフについて、フランスの詩人ジャン・ルイ・ヴォードワイエがこんな見解を述べている。「トリュフを食べる人間には2種類いる。ひとつは値段の高さからトリュフをおいしいと感じる者、もうひとつはその美味ゆえにトリュフは値段も高いのだと考える者だ」。トリュフの稀少性は今なお増している。もっとも、現在の原因は世界全体で気候が変動し、収穫をコントロールできないことにも関係しているのだろう。

## ◉北米でのトリュフ「発見」

19世紀末、トリュフは世界に知られるようになっていた。というより、正確に言えば――「新世界」とされたアメリカ大陸と同じく――もともとあったのだがヨーロッパ人によってようやく「発見された」のである。トーリー植物クラブ［1860年代にジョン・トーリーが創設したアメリカ合衆国最古の植物学学会］の1878年の紀要には、北米の植物譜に新しいトリュフが追加されたという告知が掲載されている。ジェイムズ・N・ビショップ氏なる人物が製作した植物標本集の広告（標本は1500種類あり、1個5セントの値段がついている）の上の欄だ。また、その少し前にクラブで開かれた会議で会員のW・R・ジェラルドが、ニューヨークのスタテンアイランドで発見されたこのトリュフについての発表をおこなったことも記載されている。

彼は「このキノコ類はアメリカではめずらしいとされてきた。だが、実際にはそこまで稀少性の高いものではなく、われわれが気づかなかっただけなのだ」と述べたが、結局その言葉は正しかったのである。続いて彼は、トリュフがヒューーゲナットという町の、砂地の土手に立つハンノキの根のなかに生育していたと報告した。この署名のない記事の執筆者は、そのトリュフは *Tuber dryo-*

H・W・ハークネスが発見したオレゴンの白トリュフ

*philium* という種に似ているが、傷んでしまったので写真の代わりに水彩で描いた絵を掲載したと書いている。

最初の発見報告はこのように曖昧なものだったので、北米におけるトリュフの科学的記述を初めて著したのは、独自に菌類研究に従事していたH・W・ハークネスと見なすべきだろう。彼は1899年にオレゴンの白トリュフ（学名 *Tuber gibbosum*）を発見したという記録を残している。

ハークネスはかなりの変人だったようだ。マサチューセッツ州出身で医学を学んだあと、1849年に金（きん）でひと山あてようと西部に向かったものの、まもなく、砂金を掘りに集まった連中を治療するほうが金になることに気がつき、しかし結局はサクラメント地区で家の売買をおこなって1億5000万ドル

北米のトリュフ（学名 *Kalapuya brunnea*）

以上を稼いだという（これは現在でもかなりの大金だ）。大金を手にした彼はカリフォルニア州の上流社会に属し、1869年の大陸横断鉄道の完成式典では、鉄道の枕木に仕上げの「黄金の犬釘」を打つ役目をまかされている。その後、一応の肩書であった医師を「引退」し、サクラメントの教育長になったり北カリフォルニアのラッセン火山の年齢を調べた著作を発表したりと、まったく畑違いの仕事に専心するようになった。彼の一貫性のない興味の対象のひとつに、カリフォルニアの地下生菌――つまりトリュフがあったのである。ハークネスの後半の人生はトリュフ研究に費やされ、スーツにシルクハットという姿で自転車に乗っては田舎を探索していたといわれている。

死の2年前の1899年、ハークネスは『カリフォルニアの地下生菌 *California Hypogeous Fungi*』を上梓する。北米で採集されるトリュフ数種類の

夏の黒トリュフ（学名 *Tuber aestivum*）の菌根

説明が掲載されており、ヨーロッパ以外で出版されたチュベル属に関する信頼性の高い本としてはこれが第一号である。もっとも、著名な菌類学者マット・トラップは、現在オレゴンの白トリュフとして知られるキノコに関するハークネスの文章は短すぎるし矛盾点もあると指摘している。たとえば、ハークネスはこのトリュフを「カシの木の下」で発見したと書いているが、このトリュフが共生関係を結ぶのはベイマツだけだ。おそらくその地域にはカシの木とベイマツが混生しており、ハークネスは間違ってカシの木と書いたのだろう。当時は西海岸にも別のチュベル属が生育していたのだがハークネスは本のなかでこのことには触れておらず、公的に別の種だと認められたのはつい最近の２０１０年だ。

このトリュフは学名が *Tuber oregonense* である

ため、やはり「オレゴンの白トリュフ」と呼ばれることが多く、非常にまぎらわしい。

北米で掘り出されたトリュフはこの2種類だけではない。その後、１９２０年代には雑誌『マイコロジア *Mycologia*』12巻に次のような記事が掲載された。

『マイコロジア』最新刊で、ギルキー氏はトリュフの新たなアメリカ種、*Tuber canaliculatum* と *Tuber unicolor* についての記事を執筆した。*Tuber unicolor* はヨーロッパで訓練を受けた犬を使って、ニューヨーク市付近で最近採集されたものだ。このトリュフを調べたのち、ギルキー氏は20年前にメリーランド州のシャー博士が採集したサンプルと詳細な比較をした。その結果、ふたつは似ているが厳密には異なる種であると発表したのである。

記事はまだ続き、「*Tuber unicolor* を最初に発表したのはハークネスだが、時と共に情報は更新され、新しいトリュフ——これもヨーロッパ産チュベル属と同種だが——は *Tuber shearii* と命名された」とある。２００７年に出版された『北米トリュフ図鑑 *Field Guide to North American Truffles*』には、*Tuber shearii* は「口当たりがよく」、一方 *Tuber canaliculatum* は *Tuber gibbosum* や *Tuber oregonense* と同じく「美味」だと表現されている。

味の評価は高いにもかかわらず、当時アメリカ産トリュフはヨーロッパ産に比べて市場価値は低かった。それは今も変わらず、また知名度でも劣っている（北西部の州では土に埋まった金に化ける可能性を持つこのトリュフの宣伝に励んだが、功を奏さなかった)。現在の市場でヨーロッパ産トリュフと競っているのは、緑の革命［1940年代から60年代にかけて、農作物の高収量化を目指した一連の品種改良］の影響を受けてヨーロッパ以外の地域で栽培された、ヨーロッパ種のトリュフである。

## ◉技術革新

1880年、ドイツの博物学者であり生物学者でもあるアルバート・ベルンハルト・フランクは皇帝の命を受けてトリュフ栽培の改良に取り組んだ。そして1885年に彼は菌類の共生体を菌根（mycorrhiza ギリシア語で「菌類」と「根」の意味を持つ）と名づけ、その研究を一冊の本にまとめる。フランクは、地下で成長するキノコのなかには多くの植物種と関係を持つものがいることを発見した。そうしたキノコは植物の根に巻きつくか根のなかに浸透し、共生することで互いに利益を生み出すのである。具体的には、キノコは植物の根系の広がりを助けて植物が水とミネラルを取り込むのを助け、植物はキノコに単糖などの有機化合物を十分に供給するのだ。菌根の研究が進むにつれ、トリュフの宿主となる木やマメ科植物だけでなく、世界中の植物の大半が菌類と共生関係を結んで生き延びていることが判明した。戦時中にトリュフィエールが崩壊したあと、生物学者はフランクの発見を基に研究を進め、トリュフと木が構築する関係のメカニズムを調査したのである。

トリュフの胞子を植菌した苗木で埋めつくされた温室

気候の変化に伴い、将来的にはこのような人工のトリュフィエールが増えるかもしれない。このトリュフィエールの土は石灰を加えて調整されている。

1960年代には若木にトリュフの胞子を植菌するさまざまな手法が開発され、1977年に第2期のトリュフィエールで栽培されたトリュフが南フランスのエグルモンで初めて収穫された。1980年代になるとこうした技術はさらに改良され、苗木の根を消毒してトリュフの「接種菌」で覆う手法が用いられる。通常この接種菌には熟したトリュフをピューレ状にして、接着剤の代わりに純粋なシロップを混ぜたものが使われた。その後苗木は殺菌済みの土に植えられ(トリュフと共生しない植物を排除するためだ)、密閉した温室で一定期間の成長を待ち、その後あらかじめ整備しておいた戸外の場所に整然と配される。フランスの現在のトリュフ生産高はこの時代に比べるとまだ少量だが、全体の80パーセントはこのような新しいトリュフィエールで収穫されたものだ。

1980年代には技術改良がさらに進み、苗木の根に植菌する場は実験室から商業養樹園へと移った。ヨーロッパ以外の最初のトリュフィエール――場所は北カリフォルニアだ――では、１９９１年にペリゴール産トリュフが収穫されている。１９９３年にはノースカロライナ州とニュージーランド、１９９６年には台湾のトリュフィエールでもトリュフが繁殖した。このような地域ではトリュフ生産高の増加に伴い需要も増え、さらに多くのトリュフィエールが作られることになった。

科学者でありトリュフィエール設立でも有名なイアン・ホール博士によれば、ヨーロッパ以外でトリュフを生産するトリュフィエールは１０００ほどあり、場所は北米、オーストラリア、ニュージーランド、チリ、イスラエル、南アフリカ、台湾だ。ほぼすべてのトリュフィエールでペリゴール産の黒トリュフが収穫できるが、ヨーロッパのトリュフィエールに比べると収穫は不安定らしい。その理由としては、気候の違いやよく訓練されたトリュフ犬の不足などが挙げられる。

## ●中国のトリュフ

広大な国土と古代の科学的文献を有するにもかかわらず、中国でトリュフが書物に登場するようになったのはごく最近のようだ。文献に残っていないのは、中国でトリュフが自生するのは南西の荒れた土地に限られており、また当時は農民の食べ物と見なされていたためだと思われる。wu niang tong（親株のない子実体）、song mao fuling（松葉のキノコ）など、トリュフを表すさまざまな中国名からは、トリュフの文化的価値観がほかの国――たとえばフランス――とはまったく異なな

袋入りの中国産トリュフ。値段はペリゴール産の黒トリュフの10分の1だ。

ることがうかがえる。

今では25種以上のトリュフが中国で発見されているが、チュベル属のトリュフ（学名*Tuber taiyuanense*）が書物に登場したのは1985年の学術文献が最初である。台湾でペリゴール産黒トリュフが植菌された1989年には、異種の黒トリュフ（最も一般的な中国産黒トリュフで、学名は*Tuber indicum*）少量が検査のためドイツに送られた。

中国産トリュフはフランスやイタリアのものと驚くほど似ている。表面はごつごつしており、内部の色はほとんど紫に近い黒だ。とくに似ているのがペリゴール産トリュフで、専門家ですら判断に迷うことがある。ときには裸眼では判別できず、顕微鏡で胞子の模様を確認する必要があるほどだ。

両者の一番の違いは価格である。中国産ト

リュフは十分に熟す前に鍬や熊手のようなものを使って収穫されることが多く、ヨーロッパ産に比べると香りがかなり弱い。*Tuber indicum* は卸売りで1ポンド［約450グラム］85ドルだが、フランスのペリゴール産トリュフは最高で2800ドルだ。ベテランの詐欺師でなくても、ここに金儲けのチャンスを見出す者は多いだろう。中国産トリュフはヨーロッパ産の黒トリュフと数時間いっしょに保管しておくと、すぐに香りを吸収する。フランスやイタリア（どちらもヨーロッパ産トリュフの代表的な産地だ。ただし、最近はスペインも収穫量を伸ばしている）のトリュフ生産高は低く、需要は世界中で急速に増加している。となると、本物（ペリゴール産）に中国産トリュフを交ぜ入れようと考える輩が現われても不思議ではない。

ジャーナリストでトリュフ栽培に情熱を注ぐガレス・レノウデンによれば「完全に熟した中国産トリュフはフランス産トリュフに引けを取らない」とする信頼性の高い報告を複数得ているという。だが、中国産トリュフの大半はまだ熟す前に収穫されるか、外国の市場に届くまでに傷んでしまうのである。

中国産トリュフにはいくつか問題点がある。まず、中国産トリュフにヨーロッパ産のトリュフと同じテロワール（生育環境）は望めないということ。中国産トリュフが自生する南西部の山のマツ林は南ヨーロッパとは気候がまったく異なるのだから、あの濃厚な香りが再現できないのは当然だ。

次に、農夫から低価格で買い取った質の悪い中国産トリュフを輸出する業者が横行し、実直な業者がトリュフビジネスからはじき出されてしまう危険性がある。ヨーロッパのトリュフハンターや

中国南西部の市場で売られている最も一般的な中国産トリュフ（学名 *Tuber indicum*）

中国のトリュフハンターは犬ではなく鍬や熊手などを使ってトリュフを探す。そのため、トリュフが生息する脆弱な生態系を著しく損なう。

トリュフィエールの農園主は、ヨーロッパ産トリュフよりかなり安い卸値で不正に売買されるトリュフには太刀打ちできないと指摘する。

3つ目の問題点は、中国産トリュフの厖大な需要により、中国の生態系において重要かつ脆い部分が破壊されることだ。中国南西部は生物の多様性が危機に瀕している地域だ。中国では、ブタや犬の代わりに鍬や熊手のようなものを使うという原始的なやり方でトリュフを探す。つまりトリュフが共生するマツの木の下の地面を深く掘るわけで、このやり方は表土層を掘り起こすことで浸食の原因を作るだけでなく、トリュフが繁殖する土地を傷つけ、ときには根こそぎ台無しにしてしまう。社会的・法的な制限が欠如したまま利潤を追求することにより、トリュフの生態環境は危機にさらされているのである。

## ◉「外来植物」問題

しかし、中国産トリュフの輸入によりもたらされる一番の恐怖は、望まない外来植物が発生することだ、本来、菌類学者は感情を露わにすることは少なく、また論文のタイトルは部外者にはかなり難解なものが多い。「リボソームDNA　ITS領域における遺伝的多型と、ペリゴール産黒トリュフ（学名 *Tuber melanosporum*）の氷河期後の再定着手段との関係について」あるいは「白トリュフ（学名 *Tuber magnatum*）における多形性マイクロサテライト領域の分離および特性」などという具合だ。ところが、２００８年に雑誌『ニュー・ファイトロジスト *New Phytologist*』に寄稿された記事はそれまでとは異なり、いつもの抑制された文体ではないうえにタイトルもかなり感情的だ。「ペリゴール産トリュフは外来植物の脅威にさらされているのか？　恐れていたことがついに現実に！」

記事では、外来植物種は「意図的であるにせよそうでないにせよ、自然生息地外の地域に侵入したものであり、「環境上また経済社会上、回復不可能で深刻な影響をおよぼしかねない」としている。そして、この30年来人類はチュベル種の変動において重要な役割を担い、トリュフの生息地は常に変化してきたとしつつも、もしも中国産トリュフとの競合に直面すればペリゴール産トリュフは絶滅の危機にさらされるだろうと強調している。また、中国産トリュフは味や香りの点で劣り、しかも繊細なペリゴール産トリュフに比べて「繁殖しやすく、土中の栄養素を吸収する力は他の植物に勝っている」と述べ、記事の最後をこう締めくくっている。

*Tuber indicum*（異種の黒トリュフ）はイタリアの新たな侵入種だ。市場に質の悪いトリュフが出まわるという以上に、この侵入種はペリゴール産トリュフにとって生態系の脅威となる。その最大の理由は、中国で *Tuber indicum* が発見される生態系が、中央イタリアのものと酷似しているということだ……ヨーロッパの特定外来生物として *Tuber indicum* に目を光らせ、ペリゴール産黒トリュフの生産地域において *Tuber indicum* の繁殖を管理することがきわめて重要な課題となる。

非常に印象的なのは、この記事が19世紀終盤にアメリカ人が中国人に向けた人種差別的な考えに近いということである。「黄禍論（こうかろん）」という外国人排斥の概念には、アメリカに大量に移住した中国人は数でアメリカ人を上まわり、優秀ではあるが脆弱で多産とはいえないアメリカ国民を破滅に追いやるというものが含まれている。

中国産トリュフに向けられた恐怖は退屈な学術誌のなかだけの話ではない。２０１２年、アメリカのテレビ局ＣＢＳのドキュメンタリー番組『60 Minutes』で、中国産トリュフをこき下ろすおなじみの内容が放送された。この手の番組には必ず登場する、でっぷりと太ったフランスのシェフらとほっそりしたトリュフハンターらが侵入種のトリュフを公然と非難したのだ。シェフは「侵入種のトリュフ輸入の裏にはマフィアの存在があり、そのトリュフが誰の手にわたったかを明かせば自分は殺されるだろう」と話し、ハンターはもしも中国産トリュフが自分のトリュフィエールで繁殖すれば「一巻の終わりだ」と断言した。

しかし、このテレビ番組でのあからさまな非難や菌類学者の危惧は、ある意味で矛盾したものといえる。今も昔も動植物は人間の手で作られた境界を意識して生息するわけではなく、またこの6000年間（とくに、先述したコロンブス交換以降の500年間）、生物の新種を世界各地に拡散させてきたのは他ならぬ人間なのである。

「侵入」という言葉には非常に強い否定のニュアンスが含まれるが、この論理を裏づける科学的根拠はあまりない。動植物の生息環境に不変のものなどないという事実を無視して先述の論文のように定義してしまえば、アメリカ合衆国の環境の大半は侵入種のせいで破壊されていると認めざるを得なくなってしまう。つまり、アメリカでは森が伐採され、表土は取り返しがつかないほど浸食されているが、すべてはヨーロッパの侵入植物である *Triticum aestivum*、つまり小麦を生産しているからなのだ、となる。これに対して、小麦は計画的に導入したものであり、人間が植えた場所でのみ生育するという反論が起こるかもしれない。しかし、小麦のほかにもリンゴの木、ミミズ、通称「アン王女のレース」（野生のニンジン、学名 *Daucus carota*）という美しい野生の花も、外国からの侵入種（当然ながら種に国籍はないのだが）である。

さらに矛盾しているのは、この論文では「人間はある種のチュベル属の拡散において重要な役割を担ってきた」ことを暗に認めている一方、論文執筆者らが１９８０年代以降世界中に作られてきた多くのトリュフィエールよりもピエモンテ地方のトリュフィエールで一本の中国産トリュフが発見された（それもＤＮＡ解析でようやく識別できた）事実に興味を示している点だ。

彼らは「どうすればヨーロッパで自生する中国産トリュフを制限または排除できるか」と問いかけ、すべての外来種トリュフを厳重に管理するべきだと提案している——それでいて、彼らは外国のトリュフィエールの発展を援助するために公的資金を投じた研究にも関わっているのだ。さらに、ヨーロッパ産の黒トリュフが他国の生態系にどのような影響をおよぼすかということには、まったく無関心なのである。

ここで、再びレングニエル・リテルスマの思慮深い意見を引用したい。

> この点においては、複雑な文化的イメージが影響している。ピエモンテ産トリュフは新たな政治的存在（18世紀のピエモンテおよびサルデーニャ王国）を象徴し、また強調すべきものであり、そのため珍重される必要があった。ペリゴール産トリュフは料理の王であるフランスを象徴し、中国産トリュフは、簡単に言えば安く買える楽しみであり、黄禍論の植物変異版なのだ。

だがそれにも増して皮肉なのは、世界の多様なトリュフの本源（ほんげん）は中国かもしれないということだ。

ラオス、チベット、ベトナムと国境を接する山地が走る中国南西部は最終氷河期の影響を受けず、ほかの場所では高くそびえる氷河に浸食されて生き延びることのできない動植物の避難所となった。科学者の弁によれば、この地域はカシ、マツ、ブナ、カバノキ、ヘーゼルナッツ、ヤナギの発生起源の中心地だという。

中国産トリュフの宿主となる木は幅広い。南西の山々から広がるカシ、ヤナギ、ブナ（こうした木は他種のトリュフとも共生する）だけでなく、マツ、トチも宿主になる。近年の研究により、同じ中国産でもその採集地によって風味の強さに著しい違いがあることがわかった。いわゆる中国式テロワールだ。そして、高温の渓谷に生える広葉樹と共生した中国産トリュフは、山地の針葉樹と共生したものよりも香り、味ともに上質であるといわれている。

最終氷河期後、この地域で絶滅を逃れた木々（と動物、菌類）は徐々に広がりを見せ、ユーラシア大陸でその数は増大した――幸いなことに、このような「外来生物」は人間が生み出した「テロワール」の概念や、その動植物にとってのいわゆる「自然」生息地を問題にもしないものだ。トリュフ全般の全遺伝情報（ゲノム）と進化系統樹はいまだに解明されていないが、ひとつ明らかなのは、中国産トリュフが「ヨーロッパ産」トリュフとは異なる外来種であるという考えは捨てて、同じ起源を持つ仲間であると考えるべきだということだ。

## ◉イタリアのトリュフ警察

とはいえ、中国産トリュフを不正に利用する輩（やから）は存在しており、良質な食物生産を目指すことで知られるイタリアでは、「食物にまつわる不正行為」が深刻な問題となっている。衛生基準を監督する権限を持つのは役所ではなく、機関銃を携帯したカラビニエリ（国家治安警察隊）だ。国外では、カラビニエリはアルマーニがデザインした制服を着用していることでも有名だが、イタリアの国軍であり（彼らは警察官ではなくまぎれもない兵士だ）、犯罪を防止する重要な責務を担っている（カラビニエリの犯罪捜査班はヨーロッパで名高い）。１９６２年以降、食の安全を守っているのはカラビニエリのＮＡＳ〔食品、飲料、薬剤等の管理を担当する部門〕だ。その対象は有名なイタリア産チーズやワイン、サラミ——そしてトリュフである。

２０１２年５月、イタリアの「食の首都」ボローニャのレストランをまわって定期的に検査をおこなっていたＮＡＳは、あるレストランの厨房で問題となるトリュフを発見した。イタリアで

イタリアのカラビニエリが手にしているのは、早朝におこなわれた捜査で発見された不正なトリュフ。

ビアンケット（学名 *Tuber borchii*）という名で知られる種類とはかなり異なるトリュフだ。ビアンケットは有名なアルバ産白トリュフほど高価ではないが、小売価格で1キロ当たり180〜700ユーロの値がつく（その時々の収穫によって変動する）。レストランで発見されたトリュフはその後、形態素解析および化学分析がおこなわれ、NASの疑念が正しかったことが認められた。分析の結果を受けて捜査が開始され、NASはこのトリュフが押収されたという噂が広まる前に入手先を突き止めようと試みた。

ラベルには *Tuber borchii* と書かれていたが、このトリュフは実際には *Tuber oligospermum* という白トリュフの一種だった。色はアルバ産トリュフやビアンケットに似ているが、詳細な検査をすればその違いは一目瞭然だ。この偽物は皮がとても薄く、切ったときの感触ですぐに違いがわかる。そこで *Tuber oligospermum* をあらかじめ細かくきざんでおけば、高価な高い白トリュフとしてまかり通る可能性が高くなるわけだ。

カラビニエリは、問題のレストランが偽トリュフを原料としたソースをボローニャの生産業者から購入していたことを突き止めた。早朝におこなわれた強制捜査で生産業者は現行犯逮捕されている。本物のビアンケットでソースを作っていた製造ラインもあったが、別のラインでは *Tuber oligospermum* を使用していたという。カラビニエリは携帯電話を差し押さえると急いで記録を調べ、イタリアのほかの都市でも強制捜査をおこなった。その結果、当初想像していたよりも大きな流通網が存在することがわかったのである。

トスカーナ州ピストイアの輸入業者は北アフリカから安価なトリュフを密輸し（*Tuber oligospermum* は *Tuber indicum* と同じく詐欺行為に使用される恐れがあるため輸入が禁止されている）、これを3か所の加工業者に卸値で売っていたのだ。加工業者はトリュフをピューレ状にし、オイルとアルバ産トリュフによく似た香りの合成化学物質を加えてから、イタリア国内外に販売していた（強制捜査時、ブラジルでの販売用のラベルを貼った瓶も発見されている）。NASのボローニャのサバト・シモネッティ隊長によれば、300キロ以上の偽白トリュフのピューレと、倉庫に保管されていた70万ユーロ以上に相当する加工前の偽トリュフが押収されたという。

矛盾するようだが、イタリアでの販売は違法だが輸出は合法とされるトリュフもある。パウロ・ウルバーニが創設し、カリスマ性のある子孫によって今も運営をおこなうウルバーニ・グループは、最近まで中国産トリュフを輸入していた。輸入されたトリュフは洗浄後に選別されてピューレ状に加工される。CEOのオルガ・ウルバーニいわく「そのまま食べるとコルクみたいな食感です」。イタリア国内で販売はできないが、中国産トリュフを加工して包装し、輸出することは可能だ。言い換えれば、まさに多くのトリュフハンターが恐れていたこと――つまり中国産トリュフがイタリアのペリゴールで採れる宝石に取って代わるのではないかという危惧は、産業規模で急速に現実のものになっていたのだ。

ウルバーニ・グループから中国産トリュフを購入していたのは主にドイツの企業で、食料関係の商品にあまりお金をかけずに高級感を出したい場合に、購入したトリュフを添えたものを包装して

トリュフを手洗いするウルバーニ社の工場労働者たち（20世紀初め）

販売していた。トリュフを悪用する詐欺師と違い、ウルバーニ・グループの製品には「中国産トリュフ使用」と明記されていた。だが、この誠実さは残念ながら報われずに終わる。合法の中国産トリュフを扱う市場は小規模なまま発展せず、需要の少なさや組織的な問題もあり、ウルバーニ・グループではアジアのチュベル属トリュフの販売を断念したのである。

## ◉トリュフビジネスの「過去」と「未来」

ウルバーニ・グループの例は、トリュフビジネスはほかの農業食品と違い、今なお過去の記憶に根差したものであることを如実に表している。パウロ・ウルバーニの事業は19世紀中盤、アペニン山脈のふもとにある小さな町スケッジーノから始まった。最初は、周辺の丘でアマチュアのトリュフハンターが採集したトリュフを買いつけていた。トリュフハンターはウルバーニのトリュフ加工作業室（「部屋」と呼べるほど広くありませんでした、とはオルガの弁）に向かう前に村を流れるネラ川に立ち寄り、その澄んだ冷たい水でトリュフを洗った。フランス産トリュフの需要が高まるにつれ、イタリアの黒トリュフの多くはペリゴールに送られ、そこで再包装されて「フランス産」のラベルを貼られたという。ウルバーニはただの卸業で終わらず生産業を営むべきだと悟り、フランスにわたってアペールやルソーの手法を学び、さらに改良を加えた。彼が作ったガラスの密閉容器（まるで実験室にありそうな容器だ）で保管期間を延ばすことに成功し、ウルバーニ（とスケッジーノ）の認知度は広まった。

パウロ・ウルバーニの跡を継いだカルロ・ウルバーニは、会社の未来はアメリカにあると考えた。彼は従兄弟をアメリカに派遣し、アメリカ支社を設立しようとする。当時パウロ（後にポールと改名）から届いた哀れを誘う手紙が、今も多く保管されている。「アメリカ支社の設立は絶望的だ。アメリカ人はトリュフがなにかすら知らない。頼むからイタリアに帰らせてくれ」というものだ。カルロは動じず、見かけの悪いこのキノコがいかに価値があるかをきちんと説明する技術を学ぶように、と告げている。ポールはアメリカに留まり、最終的にはトリュフが傷んだジャガイモではなくおいしい食べ物だとアメリカ人に納得してもらうことに成功した。彼は大儲けをしただけでなく、4回結婚している。トリュフビジネスに関わると、直接食べなくても媚薬効果で恋多き性格になるのだろうか？

会社の国際化は急速に進み、現在ウルバーニ・グループはトリュフ市場の中心的存在となっている。世界で収穫されるトリュフ加工品の70パーセント以上はスケッジーノにある超現代的な建物で処理されている。建物内では白衣姿の労働者が運び込まれたトリュフを注意深く検査し、巨大な加圧滅菌器で缶詰工程の準備作業をおこなう。その一方、最先端の加工処理業に頼るだけでなく、ウルバーニ・グループは犬を連れて森を早朝歩き、大地からの贈り物を探す白髪交じりの男たち（ときには女たちも）を今も頼りとしている。グループが直接雇用しているのは社員200名だが、地域のトリュフハンター1万4000人以上とも取引をおこなっているのだ。

カルロ・ウルバーニは、トリュフビジネスの未来は「西」にあると考えた。一方、孫娘のオルガは「東」に未来を見据えている。会社は最近トリュフ製品を中国で販売し始めた。より大きなシェアを目指し、一流ホテルチェーンや高級レストラン、航空会社との取引を模索している。

こうして未来を見据える一方、ウルバーニ社は過去を振り返ることも忘れていない。最近になって、トリュフや一族で築いたビジネスにまつわる博物館を設立したのだ。ポールからの手紙——荷物をまとめて朝一番の船で帰国することも辞さないというものだ——のほかに、ウルバーニ・グループから「トリュフ便」を受け取ったアメリカ大統領たちからの手紙、19世紀のトリュフハンターの写真、ウルバーニ・グループの過去の加工品などが展示されている。「わが社の名声は過去の功績が築き上げたものです」とオルガは言う。「過去の功績がなかったなら、果たして今の私たちがあったでしょうか？」

# 第6章◉トリュフの将来

## ◉トリュフハンターとトリュフ犬

科学者は、*Leucangium*（北米産トリュフ）、*Terfezia* と *Tirmania*（どちらも砂漠のトリュフ）など、ヨーロッパのチュベル属以外にも多くの種をトリュフの仲間として認定してきた。こうしたトリュフにはいくつかの共通点が見られる。そのひとつは、トリュフも間違いなく菌類に属しているが、目立ちたがり屋のキノコとは違い、掘り起こされるまでは地下深くに潜んでいる点だ。また、トリュフの形はざっくりといえばどれも円形だが、最終的な外形は（ほかの生物と同じく）環境――この場合はトリュフが自生する土の状態――によって変化する。

トリュフの成長から繁殖までの過程でトリュフハンターの心が最も沸き立つのは、胞子が熟する時期だ。トリュフも有機体である以上生殖をおこない、可能であれば生息地全体に繁殖させようと

この丘の中腹では、トリュフを移植した苗木を植えて森が再生した。中央イタリアにあるペルージャ大学の試験地である。

する。トリュフが可動性の部位を持たないことはかなりの弱点だが、代わりに胞子を飛ばす手段が発達した。それが香りだ。トリュフは揮発性の有機化学物質の複雑な組み合わせを有しており、その結合が抗（あらが）いがたい香りを生み出す。人間はもちろん多くの動物がこの強烈な香りに惹かれ、嗅覚の鋭い動物はトリュフを掘り当てて食べるのである。トリュフの収穫といえばブタを連想しがちだが、現在は犬を使うのが一般的だ。車にのせるにもブタより犬のほうが簡単だし、ブタはせっかく掘ったトリュフを食べたがるが、犬はたいていトリュフを見つけたごほうびをもらって満足するのである。

　トリュフハンターが集まって商売の話になると、完璧なトリュフ犬とはなにかという議論になることが多い。プードルに似たロマーニョ・ウォーター・ドッグという犬種（けんしゅ）が理想的だ、と昨今のト

ナパ・バリーのトリュフハンター、ビル・コリンズと彼のロマーニョ・ウォーター・ドッグ、リコ。

リュフ関連の雑誌によく書いてある。だが、トリュフ専門の細菌学者イアン・ホール博士によれば、ロマーニョ・ウォーター・ドッグがトリュフ犬に向いている理由はその被毛によるところが大きいという。「アペニン山脈の冷え込みが厳しい早朝にトリュフを探すには、あの被毛は完璧です。しかし、たとえばニュージーランドであのふさふさした毛が必要でしょうか?」。ホール博士の兄弟のトリュフ犬は、ある夜自分だけでトリュフィエールに行き、玄関にペリゴール産黒トリュフ約5キロを置いていったという。「夜勤をこなしたわけです。まったく利口な犬ですよ!」。皮肉なことに、その犬の最初の仕事場は空港だったが、探知犬としては不合格だったらしい。

イタリアのウンブリア州に住むトリュフハンター、マッテオ・バルトリーニも、トフュフ犬にふさわしい犬種などないと話す。複数いる彼のトリュフ犬はすべて犬種が違い、一番優秀なソールという名の犬はブラッコ・ポインターとスプリンガー・スパニエルのミックス犬だ。「大事なのは血統じゃない。利口で、飼い主を喜ばせることやトリュフを探して歩くことが好きかどうかだ」とバルトリーニは断言する。「いいトリュフ犬の条件はそれに尽きるね」。ソールはトリュフを探すのが大好きでときには食べてしまうほどだが、バルトリーニはソールを「教授」と呼ぶ。ソールはほかの犬にトリュフの探し方を教えるからだ。「教授」の一番弟子はゾーイという白とベージュの愛らしいコッカースパニエルの雑種で、いつもは群れで行動するが、トリュフを探さずに「撫でて」と甘えてくることもあるらしい。「あの娘は甘えん坊のトリュフ犬だよ」とはバルトリーニの弁だ。

## ◉トリュフの最新科学

動物がトリュフを食べると、胞子は損傷されることなく体内を通過し、糞と共に排出されたのちに「発芽」する。発芽した胞子は菌糸体と呼ばれる薄い糸状の細胞を作り、この菌糸体は地中で広がって将来宿主（しゅくしゅ）となる木の根の先端部を探す。共生相手が見つかって菌根が成立すると、トリュフの子実体が発達し始め、菌糸（小さな根のようなものだが、最も細い植物の根毛よりもまだ細い）が網状に広く張りめぐらされていく。この菌糸は土の分子のどんな小さな隙間にも入り込むことができ、木のために水とミネラルを取り込むのだ。

この関係をもっと理解するには、長距離選手が電解質を消費する様を想像してみるといい。ある選手が電解質を濃縮したスポーツ飲料を大きなグラスで飲んだとする。だが、もしスポーツ飲料はグラスの半分だけで、残りは水だったとしたらどうだろう。その選手は同じ量の電解質を得るためにグラスにたっぷり2杯を飲まなくてはならない。次にグラスに水を入れ、そのなかにキャップ1杯分だけのスポーツ飲料を入れたとする。選手が同じ量の電解質を得ようと思えばグラス何杯分も飲まなくてはならなくなる。

木や植物が栄養分を摂取する過程もこれに似ている。植物が成長するにはカルシウムやリンなどのミネラルが必要だ。こうした物質は地下水に溶け込んでいるが濃度は非常に稀薄なため、木は常に根から水を吸収して地上部まで吸い上げ、葉から蒸発させているのである。成長に必要なミネラ

トリュフとその宿主の木の共生関係

ルを得るためには、水分を大量に摂取しなければならない。たとえばカシの成木は一日に375リットルの水を蒸発させることが可能だ。そしてトリュフは、「栄養素を吸収する手助けをしてくれたら、水を取り込みやすくしてあげよう」とカシの木と取り決めをする。こうしてキノコ類の菌糸網は木の根では届かない隙間にも入り込み、水中に含まれた低濃度のミネラルを木に取り込ませ、お返しとして木はトリュフに糖分やその他成長に必要な有機化合物を供給するのだ。

トリュフは宿主のためにほかにも貴重な役割を果たす。宿主の根系を保護する中心的な存在になるのである。木は地中深くに根を張り栄養素を取り込

ウンブリア州で自然発生した「焼け地」

むというイメージがあるが、有機化合物の多くは地表からわずか30センチほどの場所にある（トリュフが地表近くに自生するのはこのためだ）。つまり、カシの巨木は自分の根元に生えている、ごく小さいが手強い一年生植物と栄養素を取り合わなくてはならないのである。旧約聖書「サムエル記」に出てくる巨人兵士ゴリアテと羊飼いの少年ダビデの戦いを思わせるが、この場合打ち倒されるのはダビデのほうだ——トリュフという武器を使って。

トリュフが放出する揮発性の化学物質のなかには小さいながらも強い毒素性分子の大きな集団があり、この気体がヨーロッパの一般的な植物であるシロイヌナズナ（学名 *Arabidopsis thaliana*）の葉を変色させ、根の成長を抑制することが認められている。トリュフの宿主となる木の周囲では草や低木が生えていない（野焼きの跡のように見えることから「焼け地」と呼ばれる）が、これは土に含まれる栄養素をトリュフが宿主に供給するからだけではなく、宿主と栄養素を取り合うことになりそうな植物にトリュフが「化学戦争」を仕掛けて枯らすからではないかと考えられている。ただし決定的な根拠はなく、研究者（主に新たな除草剤開発に関心を抱いている面々）はトリュフが「焼け地」を形成する原因と思われる化学物質の抽出にまだ成功していない。

一方、イアン・ホール博士はトリュフと宿主の関係は完璧というわけではないと釘を刺している。正確には、トリュフが宿主に栄養を供給し合うパートナー関係を強要しているという見方もあるのだ。また、この共生関係は友好的なものではなく、トリュフは木に必要最小限のミネラルしか供給せず、宿主もまた必要以上の栄養分をトリュフに取られないよう防御しているともいわれている。

●トリュフの媚薬効果？

古代から、トリュフに関して科学的根拠のないふたつの伝説が脈々と語り継がれてきた。ひとつは媚薬効果があるということ、もうひとつは激しい雷雨と稲妻が成長を促進して収穫量を増やすというものだ。

第1章で登場したギリシアの医学者ガレンは、トリュフの発生についてとくに興味を示していたわけではないが、こんな記述を残している。「トリュフは栄養価が高く、一般的な興奮状態を引き起こし、性的快感を助長する」。ルネサンス期の著作家ミケーレ・サヴォナローラは著作『食に

関する書 *Book of the Things that One Eats*』(1450年)で、この奇妙なキノコは「美しい妻を持つ年老いた金持ちの食べ物」と味もそっけもない表現をしている。

サヴォナローラよりもわずかに遠まわしな表現をしているのは19世紀フランスの美食家ジャン・アンテルム・ブリア=サヴァランだ。「『トリュフ』と口にすると非常に強力な作用が働き、スカートを身に着けた者は官能の、そして美食の記憶をあれこれと思い返し、髭を蓄えた者も美食の、そして官能の記憶をまざまざと思い起こすのである」。同じくフランスのアレクサンドル・デュマは、トリュフには「場合によっては女性をよりやさしく、男性をより愛すべき存在にしてくれる」と綴った。

これほど浸透していた考えだが、結局はどれも見当違いだ。何世紀にもわたってトリュフの媚薬効果が認められてきたのは、単なる思い込みのなせる業、いわゆるプラセボ効果だと思われる。

トリュフが性欲らしきものを刺激するという概念が信じられてきたのは、トリュフの香りに含まれる5a-アンドロスタ-16-エン-3a-オールという化学物がイノシシの唾液にも含まれているという事実(近年のトリュフ関連の文献でよく見かける)に関係がある。このステロイドは雌イノシシに対するフェロモンとなる化学物質であり、雌ブタがトリュフを熱心に探すのも、地下にブタのプリンスが潜んでいると思っているためというわけだ。さらに、このステロイドが人間にもある作用を起こし、なまめかしい気分にさせるということがさまざまな料理雑誌にも書かれてきた。

残念ながら、これは科学的にはなんの根拠もない。フランスの化学者ティエリー・タルウ博士は、本物のトリュフ、5a-アンドロスタ-16-エン-3a-オール、ほかのトリュフの主な芳香混合物を人工で再現したものという3つのうちブタがどれを選ぶか、一連のすぐれた実験をおこなった。その結果、ブタは何度実験しても5a-アンドロスタ-16-エン-3a-オールには目もくれず、人工の芳香混合物か本物のトリュフのほうに反応したのである。

トリュフにはほぼ発音不可能な約80種の短い鎖状の有機化合物（アルコール、アルデヒド、ケトン）が含まれており、これが香りを生み出す基になっている。なかでもとくに重要なものがいくつかあり、その有機化合物の存在（や消滅）がトリュフの質に大きな影響をおよぼす。黒トリュフの香りを生み出す主な化学物質は $CH_3SCH_3$（硫化ジメチル［あるいは硫化メチル］）だ。この硫化ジメチルをはじめとする硫黄化合物が最も重要で、「トリュフらしさ」に直結する要素となるのだが、この化合物はすぐに気化してしまう。

最近、ヨーロッパの科学者は5年の歳月をかけてペリゴール産黒トリュフのゲノム（全遺伝情報）を解読し、その結果を2010年に公開した。この研究により、ペリゴール産黒トリュフのゲノムには揮発性の含硫代謝産物を作り出す遺伝子が含まれていることが判明したのである。このことは、トリュフの特徴的な香りと風味はトリュフ本体から発生しているのであって、これまで一説にあったように土壌微生物によるものではない――つまり、土中に含まれる硫酸塩から必要な硫黄を得ているわけではないということを示している。

また、中国産トリュフにも大量の揮発性の有機化合物に加えて硫化ジメチルが含まれている、という興味深い発見が近年なされた。2012年後半には硫化ジメチルが揮発性物質全体の20パー

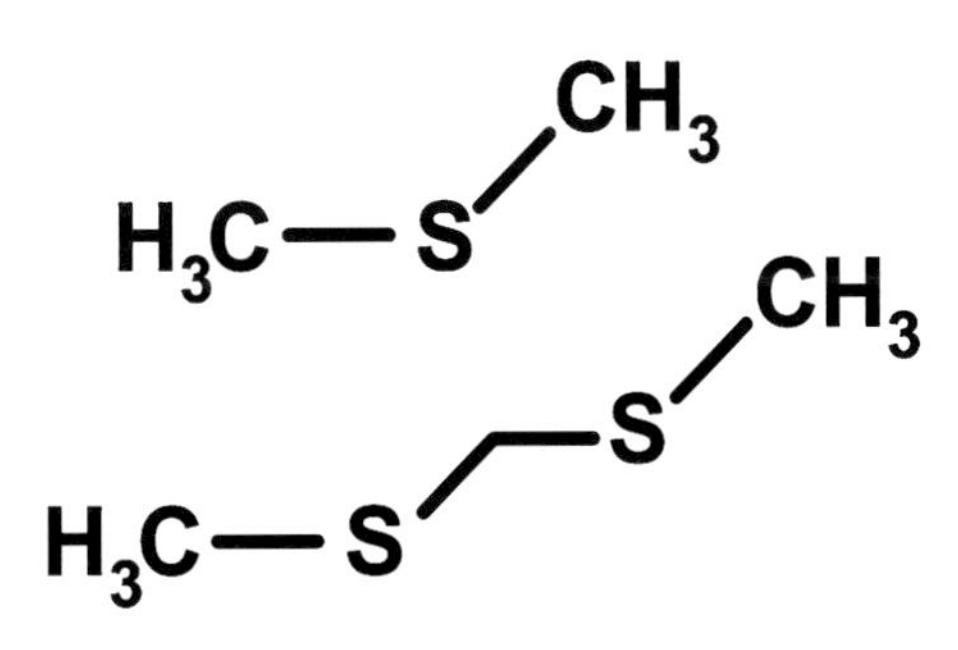


セントを占めるという研究結果が発表され、トリュフ関係者は衝撃を覚えた。それまで、中国産トリュフにはこの重要な化合物はほとんど含まれていないというのが定説だったからだ。このことから、中国産トリュフの問題はその成熟度にあり、分子自体が先天的に劣っているわけではないことがわかる。

化学専門のライターであるサイモン・コットンによれば、こうした硫黄系分子が消散すると、トリュフの香りを生成しようとする作用が他分子に働くという。そのひとつが1－オクテン－3－オールで、人間が「キノコ類」のにおいだと認識する物質を構成する主成分となる。つまり、トリュフが熟す（そして冷蔵庫で徐々に傷んでいく）につれ、トリュフのにおいは地上で生育する庶民的なキノコのにおいに変わっていくのである。硫化ジメチル（本ページ図、上部の分子式）はイタリアの白トリュフのにおいの成分だが、最も重要な分子は硫化ジメチルよりわずかに大きい2,4－ジチアペンタン（本ページ図、下部の分子式）と呼ばれるもので、ふたつの硫化ジメチル分子が「ぴたりとくっついた」形となっている。

とくに意外なのは、硫化ジメチルはにおいを構成する中心的な存在ではあるが、ほかの全分子と連動せずにはトリュフのにおいを生み出さないという事実だ。これをロックバンドのレッド・ツェッペリンにたとえるなら、硫化ジメチルはジミー・ペイジだ。そして、あのよく知られる強烈な個性を放つにはロバート・プラント、ジョン・ボーナム、ジョン・ポール・ジョーンズが不可欠なのである。

レッド・ツェッペリンはさておき、硫化ジメチルはじつは単独ではかなりの悪臭である。コットンいわく、硫化ジメチルは人の腸内ガスの主な成分であり、またある種のビールやチーズ（チェダーチーズやカマンベールチーズなど）の構成成分の一部、さらには炒めた（というより炒めすぎた）キャベツ、海綿から発生するにおいでもあるという。また、ヘリコディケロス・ムスキボルス（学名 *Helicodiceros muscivorus*）というサトイモ科の花の強烈な香りにも関係しているらしい。この派手な花は地中海原産で、腐った肉の悪臭に似たにおいで主な受粉媒介者であるクロバエを惹きつけるのだ。これではロマンスや刺激の強い「官能と美食の記憶」どころの話ではない。だが、かなり薄めたものをほかの揮発性の成分と合わせることで、硫化ジメチルは人が好ましいと感じるにおいに変化するのである。

硫化ジメチルの自然界における最も重要な役割は地球の気候サイクルの調整役だ、と最初に指摘したのは環境保護運動の権威で科学者でもあるジェームズ・ラブロックである。硫化ジメチルは海に生息するプランクトンから発生し、分解されて雲を形成する核となる硫黄酸化物、すなわちエアロゾル粒子を生成する。今度海に行ったとき、風に乗って漂ってくる硫化ジメチルのにおいに気がつく読者もいるかもしれない。ちなみに、アホウドリ、ペンギン、アシカなど海に生息する生物のなかには、硫化ジメチルのにおいに惹かれて食料を探し当てるものもいる。そのなかにトリュフが含まれるかどうかはわかっていないが、トリュフでなくてもあのにおいを嗅ぐだけで、こうした生物も「より愛情深く」なるのかもしれない。

農芸化学者による発見は、はからずもお手軽なフランケンシュタインを生み出すこととなった――それはトリュフオイルだ。美食家のシェフ、アンソニー・ボーディンが「中流階級のケチャップ」と呼んだこの加工物はトリュフをオイルにつけて作ると思われがちだが、そうではない。もしもトリュフの有機化合物がオイルに浸透するのであれば、これが最も簡単にオイルを作る方法なのだが。トリュフオイルは本物に似せた偽物であり、実験室で生成された2,4-ジチアペンタン少量をオイルに混ぜて作るのである。このオイルのにおいは天然エキスを使ったものよりも強いが、広がりに欠ける。本物の白トリュフは同種の黒トリュフと同じく多くの化学物質を含んでいて、それがトリュフの豊かな香りを醸し出しているのだ。

**●稲妻と雷雨**

もうひとつ、少なくとも近年まで巷（ちまた）に伝えられていた通説は、トリュフが稲妻と激しい雷雨によって発生するというものだ。これについては本書でも多くの文章を引用してきたが、なかでも典型的なのは古代ローマ時代の著作家プルタルコスの見解である。「その後、嵐の最中（さなか）、湿った蒸気から炎が飛び出し、暗雲が耳をつんざくような音を轟かせる。稲妻が地面に打ちつけられると、通常の

ピア・マリア・マスカレッティ『トリュフを探して *Cercando Tartufi*』(2006年　キャンバス地に油彩)

植物とは思えぬトリュフが発生する。なんと驚くべきことではないか?」

最近の調査によって、一見突拍子もないこの見解は事実かもしれないことがわかってきた。トリュフの菌糸が宿主のために吸収する栄養素のなかに硝酸塩がある。これは植物の成長に(そしてトリュフの胞子の生成にも)欠かせない窒素化合物で、トリュフの菌糸はこれを植物の細根よりもさらに効果的に吸収することができる。

雷雨ですさまじい稲妻が放電されると窒素の結びつきが崩壊し、植物がより吸収しやすい硝酸塩などの窒素化合物が作られる。この窒素化合物は嵐で水分子と結びついて地上に降り注ぎ、土中のミネラル塩――つまり天然肥料となるのである。窒素化合物は頻繁に雷雨が起こると大量に発生するため、その地域のトリュフは「間接的に」稲妻の恩恵により肥料を摂取できるといえなくもない。イスラエル南部に広がるネゲヴ砂漠の住人ベドウィンは砂漠のトリュフを「雷のキノコ」と呼ぶが、これもただの偶然ではないのだろう。

## ●トリュフフェア、トリュフ祭り

この数十年間にヨーロッパなど世界各地で開かれてきたトリュフフェアはトリュフ人気のきっかけでもあり、また人気が高まったことでさらにフェアの数は増えていった。最初のフェアは1929年、アルバのピエモンテ地方でおこなわれた。この小さな町はそれまでどちらかといえば不名誉なふたつの事実でその名を知られていた。ひとつは、西暦193年にわずか3か月のみ在位した無慈悲なローマ帝国皇帝ペルティナクスの生誕地であること、もうひとつは数世紀に渡ってブルグント、ランゴバルド、サヴォイア、フランス、スペインによる略奪がおこなわれた地であることだ。

だが、1929年に状況は一変する。野心的なサボナホテルのオーナーであるジャコモ・モッラが、アルバをトリュフ生産地として決定づけたのだ（無理やりこじつけた、という見方もある）。もともと、アルバはトリュフ生産地としては小規模で、フランスやイタリアの地方の町と大差なかった。トリュフハンターは季節限定で開かれる市場に収穫したトリュフを持ち込み、商談のうえ卸売業者に販売する。そして、卸売業者は買い取ったトリュフをさらに大きな製造業者に卸すのだ。このような市場はフランスの主なトリュフ生産地のひとつ、有名なヴォクリューズ県のカルパントラで今でも見受けられる。

1929年、モッラはアルバフェア（程なくアルバ・トリュフフェアと改名された）開催に乗り出す。周到かつ継続的なPR活動は功を奏し、フェアはかなり早い段階で大成功を収めた。1933年にはイギリスの『ザ・タイムズ』紙に「アルバは世界で最も良質なトリュフの生産地である」という記事が載り、モッラは「トリュフ王」と称された。1930年代は、デビアス社が映画のなかで女優が身につけるダイヤモンドを提供したり、婚約したてのハリウッドスターを使ってダイヤモンドの指輪を宣伝したりと巧みなキャンペーンを展開していた時代だが、モッラは同じようにアルバ産トリュフをアピールする策を講じる必要があると考え、その年に採れた最も大きなトリュフを著名人に贈ることを思いつく。今も続いているこのイベントで最初にトリュフを贈られたのは女優リタ・ヘイワーズだ（1949年）。これに続きハリー・トルーマン（1951年）、ウィンストン・チャーチル（1953年）、ジョー・ディマジオとマリリン・モンロー夫妻（1954年）、エチオピア帝国のハイレ・セラシエ1世（1965年）などもトリュフを贈られている。また、1959年には当時合衆国大統領だったドワイト・アイゼンハワーとソビエト連邦閣僚会議議長だったニキータ・フルシチョフが同時にトリュフを受け取った。

その後、トリュフはソフィア・ローレン、アルフレッド・ヒッチコック、ヨハネ・パウロ2世、ロナルド・レーガン、自動車会社フィアットの元名誉会長ジャンニ・アニェッリ、ミハイル・ゴルバチョフ、ルチアーノ・パヴァロッティなどにも贈られている。彼らは、タイム誌が選ぶ「パーソン・オブ・ザ・イヤー」のキノコ版ともいえるこの賞のことは知っていたようだが、ハリー・トルーマンは贈り物の正体がまったくわからなかったらしい。真偽のほどは不明だが、彼はモッラにこんな手紙を書いたといわれている。「ジャガイモを送っていただき感謝します。残念ながら輸送の途中で傷んだらしく、廃棄せざるを得ませんでしたが」。ちなみに、トルーマンの出身地カンザスシティにはトリュフは生育していなかった。

このごつごつした、だが食欲をそそる風変わりなキノコのフェアは以降各地で開催されるようになったが、すべての基になっているのはモッラのフェアだ。イタリアの有名なフェア開催地にはノルチャ、チッタ・ディ・カステッロ（イタリアの美人映画女優モニカ・ベルッチはかつて「トリュ

ピエモンテのアルバ・トリュフフェアで、その年に採れた最も大きな白トリュフを送られた映画監督のアルフレッド・ヒッチコック。

フの女王」として、トリュフ祭りに出品されたトリュフの写真を見て品評していた)、サン・ミニアートがある。フランスではカルパントラ、ソルジュ(ペリゴール地方の中心地)、トラサネル(この町のフェアは「トリュフとテロワール」と呼ばれている)が有名だ。

こうしたフェアはアメリカ大陸にも広がり、トリュフとワインという無敵の組み合わせが一般的になっている。アメリカの主なフェアのひとつにナパ・バレーで開かれるものがあり、ヨーロッパからの輸入ものではなくアメリカのトリュフィエールで栽培されたペリゴール産トリュフが出品されている。

## ●トリュフ王子

イアン・パーカヤズサは、14歳でヒューストンからアーカンソー州の田舎に引っ越した。友人も、とくにすることもなかった彼は、おじといっしょに野生の食用植物を採集し始める。ふたりが選んだアーカンソーの森にはさまざまな種類の食用植物があったが、なかでもイアンが好んだのはキノコ類だ。15歳のとき、特別なディナーの席でフォアグラソースを添えた黒トリュフのラビオリを注文した彼は、この野性味のあるキノコに夢中になりもっと食べたいと思ったという。もともと料理好きだったこともあり、ラビオリの味をどうにか再現したいと考えたことがトリュフ採集を始めるきっかけになった。

両親はトリュフにお金を出すのを渋ったため、イアンはグーグルで調べてトリュフを大量に送ってくれるサイトを見つけ、0・5キロのトリュフを注文した。だが、届いてみると少しばかり量が多すぎたため、母親の車でアーカンソーのファイエットビルにある3軒の高級レストランを訪ね、15歳の若さでトリュフをほぼ売り切ったのである。わずかに残ったトリュフは自分で料理し、イアンいわく「それがすべての始まりだった」

その夏、イアンはさらにトリュフを大量に注文した。夏休みのアルバイトに洗車や芝刈りをする代わりに、彼はこのおいしいキノコをファイエットビル、ヒューストン、オースティン、さらにはオクラホマ州タルサのレストランに売りさばいたのだ。間もなく、彼はタルトゥフィ社を設立し、また自分が通う学校に調理クラブ「変わった料理を食べる会」を発足してほかのメンバーにさまざまな料理を作った。食材はカタツムリ、イカ、ガラガラヘビ……そしてトリュフだ。

イアンは今も飛び込み方式でトリュフビジネスをおこなっているという。

この仕事を始めた頃は、母が運転する車でファイエットビル、その後ヒューストンのレストランをまわったんだ。裏のドアから厨房に入ってシェフを探し、持参したトリュフを見せるのは楽しかったな。トリュフは木箱に入れておくんだ。ぼくが厨房に入るとトリュフの強烈なにおいがして、あたり一面がその香りに包まれたよ。

見かけは少年でも、イアンの仕事ぶりは誠実で迅速だった。持ち込むトリュフは新鮮だったし、いつでも配達できる体制を整えていたのだ。16歳になってニューヨークの大学を見学していた頃、イアンはウンブリア産トリュフを扱うＰＡＱ社からビジネスパートナーにならないかと持ちかけられる。

「ＰＡＱは販売業者を探していて、ぼくのウェブサイトを見つけたんだ」とイアンは説明する。「会ってすぐに手を組もうとオファーされたよ。あとでわかったんだけど、ＰＡＱは北アメリカの顧客にトリュフを売ることではなく、顧客そのものを開拓することをぼくに望んでいたんだ。ＰＡＱはこっちにまったくつてがなかったからね」。若く経験もなかったが、イアンは大学には進学せずニューヨークに引っ越し、ＰＡＱの輸入代行業を立ち上げた。そして香り高いトリュフをニューヨークで最も有名なシェフたちに売り込んだ。

ＰＡＱと仕事を始めて4年ほど経った頃、イアンはトリュフ以外の仕事をしたくなった。ＰＡＱは新鮮なトリュフだけを扱っていたが、彼はもっと商品の幅を広げたかったのだ。そこでＰＡＱを離れてレガリス・フードという会社を立ち上げ、トリュフだけでなく野生キノコ、キャビア、その他の高級食材を扱うことにした。こうして商品の幅は広がったが、彼のビジネスの核は今でもトリュフだ。彼の会社のペリゴール産黒トリュフは、一部がアメリカのトリュフィエールで採れたものだが、大半はヨーロッパ産である。

若くして働き始め、やがて会社を設立するという自立した起業家はアメリカではめずらしくない。ただ、特筆すべきなのはイアンがまだ19歳ということだ。彼がトリュフで稼ぎ始めたのは15歳のときだ。当時アーカンソーのトリュフ売りだった彼は、現在流行の先端を行くマンハッタンのウエスト・ヴィレッジ界隈に住み、経済紙『フォーブス』の特集で「トリュフ王子」と呼ばれるまでに至った。イアンはトリュフビジネスの将来を体現する存在といえるだろう。今後のトリュフビジネスは、ウンブリアやペリゴールの丘で採集する老人のあやうい肩ではなく、地球の気候変動に直面してこのビジネスがどう混迷し、どんな将来性があるのかを理解している新たな若い層にかかっているのである。

### ●トリュフの未来

地球の反対側には、トリュフ採集に革命を起こした好例、マッテオ・バルトリーニがいる。彼はウンブリア州の小さな町、ペルージャ近くのチッタ・ディ・カステッロ郊外で育った。ここはイタリアでも有数の自生トリュフ繁殖地域の中心地である。子供の頃、マッテオはよく父親とトリュフ採集に出かけた。もっとも「ぼくは枝を折ったり石を投げたりして遊んでいただけだ。手伝うというよりただ邪魔をしていたのさ！」。マッテオの父は採集したトリュフを売ることは滅多になく、プレゼントと取引の中間のようなことをしていた。隣人や友人に誕生日のお祝いとして贈ったり、なにかしてもらった相手にお礼としてトリュフを渡したりしていたのである。この習慣は今でも変わっていない。「ついこのあいだ、父を病院に連れていったんだ。検査ののち、父は小さな黒トリュフを医者に渡していたよ」とマッテオ。

マッテオ・バルトリーニのアグリツーリズモ［所有の施設で宿泊客受け入れと農業関連の体験を提供する個人や会社］、〈カ・ソラーレ〉がある、ペルージャ大学のトリュフィエール試験地。ウンブリア州チッタ・ディ・カステッロ近くのテヴェレ渓谷を見下ろす高台に位置している。

大学で経済学を勉強した後（専攻は観光産業だった）、彼はフィアンセと共にイタリアのリミニ県にあるアドリアテック・リビエラを訪れ、ヨーロッパ中を旅行してから2004年にウンブリア州に戻った。チッタ・ディ・カステッロを見下ろす小さな農場を買う機会に恵まれたため、イタリア有数の景観を誇る故郷に戻ろうと考えたのだ。マッテオがトリュフと再会したのはこの地だった。

ある日、家族連れで農場（このときはまだ穀物だけを栽培していた）を訪れた友人に「ふたりだけで話がしたい」と言われ、いっしょに早朝のトリュフ採集に出かけた。「友人は夢中だった。トリュフを探す犬にも、採ったトリュフを洗い、料理をすることにもね。そのとき思ったんだ。ぼくはまだ若

マッテオ・バルトリーニと彼の愛犬ソール（左）とゾーイ。ゾーイが見つけたばかりのビアンケット・トリュフ（学名 *Tuber borchii*）も映っている。

いけれど、何百年という伝統を身につけているんだって」。２００７年、マッテオはウンブリアと地球村の未来をつなぐというコンセプトでトリュフ体験施設を開く。この施設の大成功は農林政策省の目に留まり、彼の農場は現在ペルージャ大学農学部の研究対象となっている。

マッテオの農場は小規模だが、４種類のトリュフが自生する。これはかなりめずらしいことであり、テロワールの概念はもちろん、トリュフはそれぞれ独自の生育環境を持つという既成概念からもかけ離れている。ペルージャ大学は、マッテオが以前所有していた土地にトリュフの胞子を移植したカシの苗木６００本を植えた。木々のあいだには電子センサーが埋め込まれ、土の湿度や温度、水素イオン濃度指数を１時間ごとに計測するようになっている。数年後に苗木が若木に成長し、マッテオのトリュフ犬のリーダー、ソールがトリュフを採集できるところまでこぎつければ、研究者は気候の変化がトリュフ生産に与える影響をより詳細に把握することができるだろう。

皮肉な話だが、マッテオのトリュフィエールでトリュフ採集ができるのは彼とソールだけではない。イタリアの法律によれば、マッテオの私有地に他人が出入りしてトリュフを採っても咎められないのだ。昔からトリュフは「自然の恵み」と考えられていて、野生の獲物がそうであるように、するトリュフも私有地であっても自由に採集できるのである。ただし、ハンターはウンブリア州が発行するトリュフ採集の許可証を保持していなくてはならない。ある日、マッテオがペルージャ大学に短期留学しているアメリカ人の一団を連れて歩いていると、ふたりのトリュフハンターと出くわした。「運のいいことにぼくの犬のほうが優秀で、ふたりが見逃したトリュフを見つけることができたよ」

現在、青年農業組織連合会の会長を務めるマッテオは、私有地でのトリュフ採集に関する時代遅れの法律を変える活動をしている。「森のなかに高い塀を建てたいわけじゃない」と彼は説明する。「でも、古い慣習は変える必要がある。他人の土地を歩きまわって、犬が掘った穴を埋めもしない無作法なトリュフハンターもいるからね。穴を埋めなければ胞子は乾いて枯れ、トリュフの数は減ってしまうのに」

また、彼は自生トリュフが減少している原因として、気候の変化による悪影響も挙げている。天気を変えることはむずかしいが、法律を変えて侵入者を制限することは可能だろう。ハンターは、トリュフを黙って根こそぎ持って帰るのではなく、どうすれば一番よいのかを土地の所有者と話し合い、取り決めをするべきだ。「だが、実現への道は遠い」とマッテオは話す。「今のところ、自分でトリュフィエールを運営しようとする人間より、なるべく楽な方法でトリュフを手に入れたいと考える人間のほうが多いからね」

けれどマッテオは悲観してはいない。法律の改正に加え、ペルージャ大学でおこなわれているような研究によって、トリュフ生産高の減少は食い止められると考えているからだ。法が改正されればトリュフの生育の維持だけでなく、農林業全般の安定にもさらに慎重な目が向けられるだろう。「トリュフについて学ぶのは、奇妙なキノコについて学ぶだけじゃない。人類の過去を知り、未来を考えることでもあるんだ」

現在、トリュフハンターは小さなノートを持ち歩いて採集したトリュフのデータ（日付やおおよその場所など）を書き込んでいるが、将来はＧＰＳ機能を使って記録することになるとマッテオは予測している。トリュフハンターは犬が掘った穴のあたりに立ち、採れたトリュフの種類やおおよそのサイズを入力してエンターキーを押すだけだ。翌年に同じ場所に戻れば、きっと同じトリュフが再び繁殖しているだろう。

ところで、あの有名な電子嗅覚システム「Ｅノーズ」――すでにトリュフ研究所ではテストされているはずだ――はどうだろう？　この機械なら、トリュフの種を特定する「性質」、つまり揮発性化学物質の混合物を正確に認識するプログラムを組み込むことが可能なのだ。抜群に精度が高く、水中に落ちたトリュフでも感知できるという。だがマッテオは、ＧＰＳタブレットとＥノーズを持っていたとしてもソールに留守番をさせるつもりはないと話す。「ずっと機械ばかり見ていたら温かみのあるものが恋しくなるに決まっているよ。それに、ソールはトリュフ犬というだけじゃない。友達なんだ。ソールを連れずにぼくが毎日森を歩きたがると思うかい？」

# 謝辞

本書は「リアクション・ブックス社にトリュフ本の企画書を送ってみたら?」という同僚のサイモン・ヤングの勧めがなければ生まれなかった。サイモン、ありがとう。

世界中のトリュフ専門家の皆さんが、こちらが恐縮するほど惜しみなく時間を割いて本書の取材に協力してくれた。フランチェスコ・パオロッシはトリュフの「隠れた性」の話を聞かせてくれ、また彼の研究所を案内してくれた。サイモン・コットンはトリュフの芳香についてくわしく教えてくれた。イアン・ホールとマット・トラップにはまだ会う機会に恵まれていないが、電子メールでの質問に時間をかけて答えてくれ、本書のために個人所有の写真を提供してくれた。中国産トリュフの専門家で、その生育には国内の環境保護が不可欠だと強く訴えているユン・ワン教授。彼女なしでは、本書の中国産トリュフのパートは完成しなかっただろう。

レングニエル・リテルスマによるトリュフ関連の、また食文化の優位性をめぐるフランスとイタリアの対立に関する文献はとりわけ興味深いものだった。リテルスマは世界有数のトリュフ専門家で(個人的には「世界一」と言いたいところだが)、研究の一部を紹介してくれただけでなく、本書を執筆する上でさまざまな情報を与えてくれた。オルガ・ウルバーニは一族の記録文書や写真を見せてくれ、また数時間にもおよぶ質問に答えてくれた。フードライターのアンディ・ウォードは私のかわりにイアン・パーカヤズサにインタビューをおこなってくれた。また、最高のトリュフハンターであるマッテオ・バルトリーニからも多くを学んだ。彼とトリュフ犬のソール、ゾーイには、トリュフ採集に何度も同行させてもらった。マッテオが運営するトリュフ体験施設「イル・カゾラーレ」で食べたおいしい食事にも感謝したい。

トリュフのアーカイブ画像を見つける作業は困難をきわめたが、ダヴィデ・フィオリーノのおかげでフィレンツェの農業・園芸アカデミーの協力を得ることができた（アカデミーが所蔵するカストーレ・ドゥランテ著の『新植物図鑑 *Herbario Nuovo*』は一見の価値がある）。また、マキャヴェリの息子が書いた手紙のことを教えてくれた、メディチ家デジタルアーカイブ・プロジェクトの管理者アレッシオ・アソニティスにもお礼を述べたい。

グルッポ・ミコロジコ・テルナーノ（なかでもジョルジオ・マテロッツィ、アルドブランド・デ・アンジェリス）をはじめ、じつに多くの団体や個人がトリュフの写真をこころよく提供してくれた。「イル・カゾラーレ」でのトリュフ採集の写真は、すべてスティーブン・ドイルとマウロ・レナが撮影したものだ。ADTヴォクリューズ観光（とくにヴァレリー・ジレ）は、わざわざ特例を作ってすばらしいコレクションの写真を提供してくれた。ボローニャにあるカラビニエリ所属のNASは食品衛生部隊による捜査の顛末を聞かせてくれ、シモネッティ隊長はNASがおこなう奇襲捜査の詳細を丁寧に説明してくれた。レオナルド・バチャレッリ・ファリーニは、「科学的な」写真の多くを使わせてくれた。アメリカ産トリュフの写真はすべてマット・トラップとチャールズ・ルフェーブル、そしてキャスリーン・ユーディスとアメリカン・トリュフ・カンパニー（毎年開催されるナパ・トリュフフェスティバルの主催者）の提供によるものだ。デイヴィッド・ワークの写真とレシピにも心からの感謝を。

　レオナルド・バチャレッリ・ファリーニは5章と6章の内容についても助言を与えてくれ、その結果トリュフの生活環の記述はより正確に修正された。ジリアン・ライリーとイアン・ホールは全体のチェックに尽力してくれ、そのおかげで本書の信頼性はさらに確実なものとなった。執筆作業は本来とても孤独なものだが、ボニー・カールとジル・エドガートンは常に私を励まし、原稿を読むだけでなくトリュフにまつわる数多くの秘話・逸話にも目を通してくれた。校正を担当してくれたのは親友でもある腕利きのコピーエディター、ジョン・シャークだ。最後に、リアクション・ブックス社のロバート・フェイクスと、私のエージェントであるソーチェ・フェアバンクにお礼を述べたい。

　本書執筆のための調査期間と旅費を提供してくれたのはペルージャのウンブリア単科大学だ。スタッフ（とくにマウロ・レナ）、そして学長（であり友人）のダニエル・タルタリアのサポートに感謝の意を表する。

# 訳者あとがき

台所の宝石、蛮族の食べ物、媚薬、雷雨と稲妻の産物、キノコのモーツァルト——すでに本文をお読みいただいた方なら、もうおわかりですね。これはどれも、本書のテーマであるトリュフを表すフレーズです。賛美の言葉からそうでないものまでさまざまですが、この一貫性のなさこそ、人がいつの時代もこの不可思議な「こぶ状の塊」に疑問を抱き、興味をかき立てられてきたことの証だという気がします。

今「いつの時代も」と書きましたが、そもそもトリュフの存在が初めて確認できたのはいつ頃でしょう? 答えはなんと紀元前18世紀、古代国家マリの遺跡で発掘された粘土板にトリュフの記述があったのです。紀元前18世紀といえば、ざっと4000年近く前! 本書を翻訳するまで「トリュフ」と聞いてまず頭に浮かぶのはトリュフチョコレートで、トリュフ(キノコのほうです)にはあまりなじみのなかった私にとって、この事実は衝撃でした。日本にもトリュフは昔からあったのだろうか? ふとそんな疑問が浮かび、本やインターネットで調べてみました(本書には残念ながら日本のトリュフについての記述がありません)。1976年に鳥取県で採取されたものが、日本初の記録として残っているとのこと。ちなみに、トリュフチョコレートを日本で初めて販売したのは1972年、大阪の老舗洋菓子店だと言われています。チョコレート菓子「トリュフ」の名はキノコのトリュフ（なんだかややこしい）にちなんでつけられたそうですが、日本に限って言えば、先にその存在を確認されていたのはチョコレートのほうだったというわけです。いずれにせよ、日本のトリュフの歴史はまだ浅いことがわかりました。

話が横道にそれてしまいました。さて、約4000年のあいだにトリュフの評価は二転三転しています。マリの王ジムリ・リムはトリュフが大好物でしたが、古代バビロニア・ギリシア・ローマ時代には「蛮族の食べ物」「媚薬」など、怪しげな代物という見方が主流でした。その後、数世紀の空白の時を経て文献にトリュフが再登場するのは中世ヨーロッパです。やがてトリュフ文化はヨーロッパを中心に多様な発展を遂げていくわけですが、本書をお読みいただければトリュフが食文化や経済だけでなく、ヨーロッパの政治と外交にも大きな影響を与えてきたことがおわかりいただけるでしょう。あのごつごつした塊のどこにそんな力が秘められていたのか、まさにトリュフは「大いなる謎（la grande mystique）」だと思わずにはいられません。

本書『トリュフの歴史 *Truffle: A Global History*』はイギリスの Reaktion Books が刊行する The Edible Series の1冊を翻訳したもので、このシリーズは2010年、料理とワインに関する良書を選定するアンドレ・シモン賞の特別賞を受賞しています。一種類の食べ物を深く掘り下げ、歴史や文化、風俗、科学という幅広い観点から考察するこのシリーズは、邦訳版では「食の図書館」および「お菓子の図書館」シリーズと命名されています。以前から愛読していましたが、今回は訳者として関わることになりました。担当編集者である中村剛氏の数々の貴重なアドバイスには本当に感謝しています。

日本で自生する約20種類のトリュフのうち2種類が新種と確認され、現在は森林総合研究所と東京大学が共同で人工栽培技術の確立に向けた研究をおこなっているそうです。トリュフは人工栽培が難しいとされていますが、この研究が実を結べば家庭でも気軽にトリュフ料理を楽しめる日がくるかもしれませんね。そのときはぜひ、おいしい料理とともにこの『トリュフの歴史』を再度味わっていただけたら嬉しく思います。

２０１７年10月

富原まさ江

boring rights, to the extent allowed by law. Readers can copy, modify, distribute and perform this work, even for commercial purposes, all without asking permission.

Singinglemon, the copyright holder of the image on p. 20, has published it online under conditions imposed by a Creative Commons Attribution-Share Alike 2.5 Generic license.

Readers are free:
to share - to copy, distribute and transmit this last image alone to remix - to adapt this last image alone

Under the following conditions: attribution - readers must attribute the image in the manner specified by the author or licensor (but not in any way that suggests that these parties endorse them or their use of the work).

# 写真ならびに図版への謝辞

図版の提供と掲載を許可してくれた関係者にお礼を申し上げる。

Courtesy of the Alba Truffle Festival: p. 146; photos by permission of the American Truffle Company: pp. 9, 35, 76, 131; author photos: pp. 13, 86, 151; courtesy of Biblioteca dell'Accademia dei Georgofili, Florence: p. 44; photo copyright Luca Bonacina: p. 25; courtesy of the Comando Carabinieri per la Tutela della Salute and the NAS of Bologna: p. 123; courtesy of Stephen Doyle: pp. 61, 152; photo courtesy Elsevier and Giovanni Pacioni: p. 11; courtesy of Leonardo Baciarelli Falini and Mattia Bencivenga: pp. 92, 108, 111, 130, 134, 135; courtesy of John Feeney/Saudi Aramco World/ SAWDIA: p. 24; photo courtesy Jebulon/Wikimedia Commons: p. 79; photo © kcline/iStock International Inc.: p. 6; photos courtesy of Charles Lefevre: pp. 89, 106, 107, 112; photo Library of Congress, Washington, DC: p. 18 (from the papers of John D. Whiting); collection of the artist (Pia Maria Mascaretti) reproduced courtesy of the artist: p. 142; courtesy Giorgio Materozzi, Aldobrando De Angelis and the photographic archive of the Photo Acknowledgements Gruppo Micologico Ternano Terni, Umbria, Italy: pp. 78, 168 (*Tuber magnatum, Tuber borchii*), 169 (*Terfezia arenaria, Tuber melanosporum, Tuber aestivum*); photos courtesy of the Municipality of Città di Castello: pp. 66, 69; photos courtesy of the Municipality of Norcia: pp. 49, 102; Musée Condé, Chantilly: p. 34; courtesy of Singinglemon/ Wikimedia Commons: p. 20; photo © The Trustees of the British Museum, London: p. 71; courtesy of Olga Urbani and Tartuffi Urbani: p. 126; courtesy of Vaucluse Tourisme and Valerie Biset: p. 103; courtesy of Vaucluse Tourisme and Nadine Tardieu: pp. 96, 98; from A. W. Ward, G. W. Prothero, S. M. Leathes and E. A. Benians, eds, *The Cambridge Modern History Atlas* (Cambridge, 1912): p. 64; courtesy of David Work: p. 168 (*Tuber oregonense*); with the kind permission of Professor Yun Wang: pp. 114, 116, 117, 168 (*Tuber indicum*).

Jebulon, the author of the image on p. 79, has made it available under the Creative Commons CCO 1.0 Universal Public Domain Dedication; the person who associated a work with this deed has dedicated the work to the public domain by waiving all of his or her rights to the work worldwide under copyright law, including all related and neigh-

Murat, Claude, et al., 'Is the Périgord Black Truffle Threatened by an Invasive Species? We Dreaded it and it has Happened!', *New Phytologist*, CLXXVIII/4 (June 2008), pp. 699-702

Naccarato, Peter, and Kathleen LeBesco, *Culinary Capital* (London and New York, 2012)

Renowden, Gareth, *The Truffle Book* (Amberley, New Zealand, 2005)

———, 'Truffle Wars', *Gastronomica: The Journal of Food and Culture*, VIII/4 (Autumn 2008), pp. 46-50

Rittersma, Rengenier, 'Not Only a Culinary Treasure: Trufficulture as an Environmental and Agro-political Argument for Reforestation', in *Atti del Terzo Congresso Internazionale di Spoleto sul Tartufo*, ed. M. Bencivenga et al. (Spoleto, 2010), pp. 514-17

———, 'Only the Sky is the Limit of the Soil: Manifestations of Truffle Mania in Northern Europe in the 18th Century', in *Atti del Terzo Congresso Internazionale di Spoleto sul Tartufo*, ed. M. Bencivenga et al. (Spoleto, 2010), pp.518-22

———, 'A Culinary *Captatio Benevolentiae*: The Use of the Truffle as a Promotional Gift by the Savoy Dynasty in the 18th Century', in *Royal Taste: Food, Power and Status at the European Courts after 1789*, ed. Daniëlle de Vooght (Farnham, Surrey, 2011), pp. 31-57, 202-6

———, 'Industrialized Delicacies: The Rise of the Umbrian Truffle Business (1860-1918)', *Gastronomica: The Journal for Food and Culture*, XII/3 (Autumn 2012), pp. 87-93

Safina, Rosario, and Judith Sutton, *Truffles: Ultimate Luxury, Everyday Pleasure* (Hoboken, NJ,2002)

Sasson, Jack, 'Thoughts of Zimri-Lim', *Biblical Archaeologist*, XLVII/2 (June 1984), pp. 110-20

Trappe, Matt, Frank Evans and James Trappe, *Field Guide to North American Truffles* (Berkeley, CA,2007)

Wang, Sunan, and Massimo Marcone, 'The Biochemistry and Biological Properties of the World's Most Expensive Underground Edible Mushroom: Truffles', Food Research International, XLIV (2011), pp. 2567-81

# 参考文献


Apicius, *Cookery and Dining in Imperial Rome*, ed. Joseph Dommers Vehling (Mineola, NY, 1977)

Carême, Antonin, *The Royal Parisian Pastrycook and Confectioner*, ed. John Porter (London, 1834)

Castelvetro, Giacomo, *The Fruit, Herbs and Vegetables of Italy* [1614], trans. Gillian Riley (Totnes, Devon, 2012)

Ceccarelli, Alfonso, *Sui tartufi*, ed. Arnaldo Picuti and Antonio Carlo Ponti (Perugia, 1999)

Crosby, Alfred Jr, *The Columbian Exchange: Biological and Cultural Consequences of 1492* (Westport, CT, 2003)

Dedulle, Annemie, and Toni de Coninck, *Truffles: Earth's Black Gold* (Richmond Hill, ON,2009)

Dubarry, Françoise, and Sabine Bucquet-Grenet, *The Little Book of Truffles* (Paris and London, 2001)

Dumas, Alexandre, *From Absinthe to Zest: An Alphabet for Food Lovers*, trans. Alan Davidson and Jane Davidson (London and New York, 2011)

Durante, Castore, *Herbario Nuovo* (Rome, 1585)

Flandrin, Jean-Louis, and Massimo Montanari, eds, *Food: A Culinary History*, trans. Albert Sonnenfeld (New York, 2000)

*Fungi* magazine, 1/3 (2008), special truffle issue

Giono, Jean, *The Man Who Planted Trees*, trans. Norma L. Goodrich (White River Junction, VT, 2007) [ジャン・ジオノ 『木を植えた男』 寺岡襄訳 あすなろ書房 1989年]

Hall, Ian, Gordon Brown and James Byars, *The Black Truffle: Its History, Uses and Cultivation* (Christchurch, New Zealand, 2001)

———, Gordon Brown and Alessandra Zambonelli, *Taming the Truffle: The History, Lore and Science of the Ultimate Mushroom* (Portland, OR, 2007)

Luard, Elisabeth, *Truffles* (London, 2006)

Maser, Chris, Andrew W. Claridge and James M. Trappe, *Trees, Truffles and Beasts: How Forests Function* (New Brunswick, NJ, 2008)

***Tuber magnatum*** 最高級のトリュフで，「アルバ産白トリュフ」という名で知られている。人工栽培はできない。生息地はイタリアとクロアチアの一部に限られており，1kgで1800ユーロ以上の値がつく。表面は滑らかで，色はクリーム色から緑がかったものが多い。殻皮は薄く，基本体は赤茶色で脈状の白い筋が走り，大きさはクルミ大からグレープフルーツくらいまで，さまざまだ。その複雑な香りは火を通すと消えるため，通常はけずったものを料理にのせて食べる。

***Tuber borchii*** *Tuber albidum* という名も持つ白トリュフ。イタリア語で「ビアンケット（bianchetto）」（「白っぽい」の意）や「マルツォーロ（marzuolo）」（「3月らしい」の意）とも呼ばれる。1月から3月にかけて熟し，形はアルバ産トリュフに似ているが，その香りはニンニクに近い。

***Tuber oregonense*** 「オレゴン産白トリュフ」と呼ばれる北アメリカ種で，子実体は丸く，直径5cmほどの大きさになる。北アメリカに生息し，ベイマツを宿主とする *Tuber gibbosum* と同種で，西海岸，カリフォルニア北部からカナダのブリティッシュコロンビア南部に生息する。殻皮も基本体も白いが，基本体は古くなると黄褐色に変色する。香りは強く，多くの料理に用いられる。価格は高くても1kgで220ドルほどだ。

***Tuber indicum*** *Tuber himalayense*, *Tuber pseudohimalayense*, *Tuber sinense* などとも呼ばれるが，菌類学者によればこれらはすべて同じ種であるという。形はノルチャ産黒トリュフに酷似しており，数種の広葉樹および針葉樹と共生関係を持つ。主に中国南西部の山地でみられる。香りは無臭のものと微香性のものがあり，食感はヨーロッパ産のトリュフよりも弾力があるといわれている。

## 代表的なトリュフ

ここでは代表的なトリュフを紹介する。「殻皮」はトリュフの皮，「基本体」はトリュフの傘にある胞子を形成する部分を指す。

***Terfezia arenaria***　いわゆる「砂漠のトリュフ」で *Terfezia leonis* とも呼ばれる。生息地は北アフリカと南ヨーロッパ（とくにスペイン）。大きさは直径3～10cm。殻皮は薄く，黄色がかった色から茶色である。粘液質の基本体は白っぽく，香りは弱い。野菜感覚で食べることができるトリュフだ。

***Tuber melanosporum***　「ペリゴール産トリュフ」「ノルチャの黒トリュフ」と呼ばれる，高級黒トリュフ。自生のほかにトリュフィエールでも栽培可能だが，価格は1kg当たり1000ユーロにもなる。大きさは豆粒ほどからリンゴ大までさまざまだ。ごつごつした黒い殻皮は，根元が赤っぽい色になるものもある。基本体は紫がかった黒に脈状の白い筋が走り，切るとその部分がピンクになる。香りは強く，熱しても消えないため，生のものをけずって食べ物にのせたり，丸ごと焼いて食べたりもできる。初冬から初春にかけて収穫期を迎える。

***Tuber aestivum***　「夏の黒トリュフ」「ブルゴーニュトリュフ」と呼ばれ，ヨーロッパのほとんどの地域にみられる。秋に熟すものは *Tuber aestivum* の変種 *uncinatum*（秋トリュフ）という。どちらもノルチャの黒トリュフに似ているが，ごつごつした表面はこちらのほうが広く，内部はベージュがかった白色だ。*Tuber aestivum* は5月から8月にかけて繁殖する。味もノルチャ産に似ているが，風味はややややわらかく，価格も安い。大きさは2～10cmほど。

# レシピ集

## ◉トリュフの調理

4～5世紀のローマ帝国時代の料理のレシピを集めた書籍は『アピシウス』と呼ばれている。表題を「料理の題目 *De re coquinaria*」とした第一版には富裕層のみが入手できたスパイスや異国の食材が多用されている。

1. トリュフの皮をこすりおとし，湯通ししてから塩を振りかけ，数個を串刺しにして軽く火を通す。
2. 油，スープ，煮詰めたワイン，コショウ，ハチミツを入れた鍋にトリュフを加える。
3. 火が通ったらトリュフを取り出し，スープにルーを加えてとろみをつける。
4. トリュフを見栄えよく盛りつけて供する。

……………………………………………

## ◉灰のトリュフ

17世紀の著作家ジャコモ・カステルヴェートロは，イタリア，ノルチャでのトリュフ採集の記録のなかにこのレシピを残している。

1. 湿らせた紙にトリュフを包み，15分ほど灰のなかで蒸らす。
2. 焼いたリンゴやナシを剝くのと同じ要領でトリュフの皮を剝き，小さくきざむ。
3. 油を引いたフライパンで炒め，塩とコショウで味つけする。
4. 火がしっかり通ったら，熱いうちにレモンか苦みのあるオレンジ果汁を振りかけて食べる。

……………………………………………

## ◉黒トリュフのスープ

バルトロメオ・スカッピは，16世紀にふたりのローマ法王に仕えたシェフだ。彼の料理書『オペラ *Opera*』には食事の終盤に出す料理としてトリュフを使ったものが多く掲載され，トリュフは消化を助けると書かれている。

1. トリュフの砂をきれいに落とす。
2. 7～8分ほど熱い灰のなかに入れて蒸し，その後コショウを加えたワインで1分間煮る。
3. 皮を剝き，細かくきざんで光沢のある陶器か錫メッキの深鍋に入れ，全体を覆う量のオリーブ油を注いで塩とコショウを少量加える。
4. 弱火で煮込み，ダイダイ，ブドウ，リンゴなど酸味のある果汁，そして熱したワイン（これは必須である）を少量加えて火を通す。
5. ダイダイの果汁，砂糖，シナモン，クローブを混ぜて沸騰させ，そのなかに焼いたパンを浸す。

6. パンを取り出して油で炒め，その上にトリュフと沸騰した5のスープをかける。熱いうちに食卓に運ぶ。塩は多すぎても少なすぎても味が落ちるので，注意が必要である。

……………………………………………

### ◉トリュフ入りキジ肉のホットパイ

このレシピはカレームの『宮廷菓子職人 *The Royal Parisian Pastrycook and Confectioner*』に掲載されている。英語版は1834年に出版された。

1. 中くらいの大きさのキジ2羽を用意し，風味を増すために3～4日置いておく。その後，毛をむしってから表面に焦げ色がつくまで焼き，フリカッセ［細切れ肉のシチュー］のように細切れにきざむ。
2. 香草を使って味つけし，冷めたらみじん切りにしたトリュフを加える。
3. パイの底と側面に大さじ4のゴディヴォー（2の挽肉）で飾りつけをする。
4. パイにキジの脚とランプ肉［腰から尻にかけての部分］，小ぶりのトリュフ4個を半分に切ったもの，フィレ肉と胸肉，トリュフ数個の順に重ね，味つけをしてからパイに重ね，表面を香草で覆う。
5. その上にローリエ2枚と風味づけ用のベーコンを数切れのせ，1時間半ほど焼く。
6. 焼き上がったら油脂を取り除き，詰め物に砂糖を混ぜたデミグラス風スパニッシュソースをかけ，トリュフをナツメグのように丸く切ってのせる。出来立てを食卓に運ぶ。

……………………………………………

### ◉ロッシーニ風サラダ

作曲家のジョアキーノ・ロッシーニは子供の頃から美食家で，ワイン目当てでミサの侍者を務めていたともいわれている。彼は従来のレシピに新しい要素を加えるのが好きで，トリュフを「キノコのモーツァルト」と呼んだ。また，彼は生涯に3度しか泣いたことがなく，そのうちの1回は昼食に食べようと思っていたトリュフ詰めの七面鳥を舟から川に落としてしまったときだと語った。

プロヴァンス産オイル，練りマスタード，フレンチビネガー，レモン少々，塩，コショウを準備する。レモンはしぼり，材料をすべて混ぜ合わせて薄くけずった黒トリュフを加える。トリュフはこの料理に高級感を与え，私に恍惚を与えてくれる。最近会ったバチカンの国務省長官も，同じくこの料理を気に入ってくれた。

……………………………………………

### ◉トリュフのボローニャ風，生トリュフその他

初めての本格的なイタリア料理書であるペッレグリーノ・アルトゥージの『料理の科学と美食の芸術 *Science in the Kitchen and the Art of Eating Well*』は，1891年に初版が出版された。アルトゥージは黒トリュフと

白トリュフの論争を，14世紀にフィレンツェで起こった争い（教皇党内で分裂した黒派と白派の戦い）になぞらえ，黒トリュフを「最悪としか言いようがない」と断言した。きっとレシピによって白トリュフが消費されることを望んでいたのだろう。

1. ボローニャで採れた白トリュフを水につけ，新鮮な水に浸した小さなブラシで汚れを落とす（ごく一般的な方法である）。
2. 錫メッキのフライパンに，トリュフとパルメザンチーズ（トリュフと同じくらい薄く切ったもの）を交互にのせていく。一番下にはトリュフを置くこと。
3. 塩とコショウを振り，良質の油をたっぷり使ってトリュフを炒める。こんがり焼けてきたらレモン果汁を全体に振りかけてから火を止める。
4. 好みでバターを数片加えてもよい。量が多すぎると味がくどくなってしまうので注意する。また，新鮮なトリュフをごく薄く切り，塩，コショウ，レモン果汁をかけて生で食べてもよい。

……………………………………………

●砂漠のトリュフのクリーム煮

映画監督，作家，写真家，そしてトリュフ愛好家のジョン・フィーニーは，このレシピには籠いっぱいの砂漠の白トリュフだけでなく，ラクダのミルクも必要だと話す。もし手に入らなければ牛乳でもよいとのこと。このレシピはフィーニーが著書『サウジ・アラムコ・ワールド *Saudi Aramco World*』の執筆中に試みたレシピに若干手を加えたものだ。

1. 中くらいの大きさの砂漠の白トリュフ9～10個を冷水に10分間浸し，砂を落とす。
2. 水を換え，新しい冷水に浸す。これを何度か繰り返す。
3. 砂がすっかりなくなるまで注意深く洗う。
4. トリュフの皮を剝く。皮は捨てずに，牛乳（脱脂乳や加工乳は不可）2カップ（約450*ml*）に浸して10分間ゆでる。冷めたら，トリュフの砂が混じらないよう静かに牛乳を別の器に移す。この牛乳は捨てずに取っておく。
5. 皮を剝いたトリュフを2個だけ残し，あとはざっくりと切る。
6. 小ぶりのタマネギ1個とニンニク2個（すべて皮を剝き，適当な大きさに切っておく）を4カップ（900*ml*）の牛乳（4の牛乳とは別のもの）に加えて沸騰させ，さらに5分間煮てから切ったトリュフを加える。煮すぎないよう，弱火できっかり3分煮て，これをピューレ状にする。
7. 牛乳2カップ（450*ml*），バター大さじ1，小麦粉大さじ2でホワイトルーを作る。沸騰させずに煮込み，ルーにとろみがついたら十分に熱した牛乳を少しずつ注ぎ入れる。頻繁にかき混ぜ，弱火でさらに10分煮込む。
8. 7に6を注いでなじませ，ブイヨン1個，

砂糖小さじ½，塩，白コショウ，トウガラシ小さじ¼を加える。

9. 4の牛乳を熱し，被膜が張った状態でゆっくりと混ぜ入れる。砂が残っていないか注意すること。
10. ライト・クリーム［乳脂肪分が18～30パーセントのクリーム］¾カップ（170mℓ）を混ぜ入れる。もしクリームが濃すぎるようなら，牛乳を足して薄める。
11. 食卓に出す直前，トリュフの香りを最大限に楽しむために取り分けておいたトリュフ2個（皮を剝いたもの）を，やすりかおろし金の一番細かい部分でけずってスープに加える。もし内部がピンク色のトリュフなら，スープはうっすらとなまめかしいピンク色になるだろう。このスープはチーズストロー［細長いビスケット風の菓子］によく合う。

……………………………………………

### ◉トリュフ・ア・ラ・ヴォクリューズ

フランスのヴォクリューズ県観光局が提供するレシピで，「トリュフを味わう最もシンプルなレシピ」とのこと。

焼いたカントリーブレッド（田舎パン）4枚に，トリュフ80g（スライスしたもの。あまり薄く切りすぎない）をのせ，少量のオリーブオイルをかけて，フランスのカマルグで採れた海塩（フルール・ド・セル）をひとつまみ加える。4人分。

……………………………………………

### ◉トリュフバター（またはオイル，卵，チーズ）

トリュフ研究者でありトリュフハンターのマット・トラップのレシピ。

1. ペーパータオルを敷いたプラスチック容器に洗って水気を切ったトリュフを入れ，冷蔵庫で冷やしておく。
2. トリュフバターを作るには，1の容器にバター数本を加えて冷蔵庫で保管する（蓋は緩めに）。チーズ（マイルドな味のものを使うとトリュフの風味が生きる），生卵，固ゆで卵を使う場合も同じ方法だ。卵の殻越しでもトリュフの香りは浸透し，また生卵についた香りは火を通してもほぼ消えずに残る。
3. トリュフ入りオリーブオイルを作るには，大きめのプラスチック容器にオイルの入ったボウルを入れ，容器の周辺に沿ってトリュフを並べる。

＊　どの場合も，大事なのはトリュフとほかの食材を直に触れさせずに香りだけを浸透させることだ。もし生の食材に直接トリュフを加えるなら，カビが生えないうちに数日で食べきること。

……………………………………………

### ◉トリュフパイ

トリュフ好きのフランク・エヴァンズのレシピで，オレゴン産トリュフを使用する。エヴァンズいわく「このレシピはオレゴンコーストのレストランで，妻のカレンと牡蠣の

パイを食べていたときに思いついた。ある土曜の午後に友人を招いて試作品を作ったんだが，それ以来お気に入りのレシピになったよ。生地をあれこれ変えてパイを作り，味の違いを楽しんでいるんだ」

1. 細かくきざんだエシャロットを少量のバターで軽く炒める。
2. 火を止めたらすぐに新鮮な春タマネギとパセリ，クルミ大のトリュフ（みじん切りにしたもの）1～数個を加える。
3. 室温に戻したクリームチーズ225*g*を2に混ぜ入れる。
4. 焼いたパンを細かくちぎり，3に混ぜ入れる。
5. 薄いパイ生地を用意し（8層分ほど），一辺7.5*cm*の正方形にカットする。4を大さじ1ずつ，カットしたパイ生地の中央に落とす。
6. 250～275℃に熱しておいたオーブンに四隅を中央に折ったパイ生地を入れ，生地がきつね色になって中身にしっかり熱が通るまで焼く。（2～3分）

……………………………………………

### ◉パスタのトリュフのせ

本書第6章に登場したマッテオ・バルトリーニが子供の頃よく食べていたレシピで，今でもトリュフ採集のあとには客に振る舞う。

1. 細長いタイプのパスタを塩水でゆでる。
2. けずったトリュフをバターで2分間軽く炒め，スプーン数杯分のパスタのゆで汁を足す。
3. パスタを湯切りし，バターで炒めたトリュフを加える。けずったトリュフを少量トッピングする。

……………………………………………

### ◉トリュフのリゾット

トリュフを使ったピエモンテ地方の伝統的なレシピ。オーストラリアで開かれるキャンベラ＆キャピタル・リージョン・トリュフ・フェスティバルで紹介された。

チキンスープストック…900*ml*
無塩バター…40*g*
タマネギ（小）…1個（みじん切りにする）
イタリアのカルナローリ米…300*g*
白ワイン…175*ml*
パルメザンチーズ…25*g*（調理する直前にけずる）

1. 鍋に入れたストックを火が通るまで煮立てる。
2. 小さなソースパンを弱火にかけて分量の半分のバターを溶かし，火を止める。
3. トリュフを細かくけずり（マイクロプレインのけずり器が理想的だが，ふつうのトリュフけずり器でも可），2に加えてよく混ぜる。
4. バター残り半分を底の厚いソースパンで溶かし，タマネギを加えてしんなりするまで炒める。
5. 4にライスを加え，中火にしてライ

ス全体にバターが絡まるまで木のスプーンで混ぜる（約3分）。
6. 5に白ワインを足して浸透するまで煮込み，1を柄杓1杯分足してかき混ぜる。これを数回繰り返してすべての分量を注ぎ，20分ほど煮込む。
7. ライスが水を含んでやわらかくなったら火を止め，30秒ほどねかせる。
8. 3のトリュフバターとけずったパルメザンチーズを加え，よく混ぜたら塩で味つけする。食べる直前にけずったトリュフ約2*g*をトッピングして食卓に出す。

……………………………………………

### ◉黒トリュフとフリゼのサラダ

このレシピは2013年のナパ・トリュフ・フェスティバルで大好評を博した。ワイナリー「シルバーオーク／トゥーミー」で働くシェフ，ドミニク・オルシーニが考案したものだ。

（6人分）
卵…8個（2個だけはボウルに割り入れておく）
中力粉…1カップ（140*g*）
パン粉…2カップ（100*g*）
新鮮な黒トリュフ…25*g*
エクストラ・バージン・オイル…大さじ1
エシャロット…大さじ2（細かくきざんだもの）
野生のキノコ…450*g*（アンズダケ属のイエローフト，ヘッジホッグ，ブラック・トランペットが好ましいが，アンズダケ，ヒラタケ，シイタケでも代用できる）
パセリ…大さじ2（きざんだもの）
レッド・ポテト，ムラサキイモ，ユーコン・ゴールドポテト…各4個（なければ澱粉量が少なく透明がかったやわらかなジャガイモでよい）
キャノーラ油または軽い植物油…1.9リットル
フリゼレタス…4玉
トリュフチーズ…85*g*
ドレッシング用エクストラ・バージン・オリーブオイル
レモン…1個
チャイブ…大さじ2
塩・コショウ

1. 中サイズの鍋に水をたっぷり入れて沸騰させる。
2. 鍋に入る大きさのザルに卵6個をのせ，沸騰した湯に浸してきっかり6分ゆでる。その後鍋から取り出し，冷水の入ったボウルに10分浸して冷やす。
3. 丁寧に殻を剥き，傷つけないように軽くゆすいだら小麦粉をまぶしてボウルに割り入れた卵をまぶし，パン粉をつける。
4. トリュフのごつごつした表面の皮をピーラーで剝く。皮はみじん切りにして取っておく。
5. 中火で熱した大きめのフライパンにオリーブオイルを引き，エシャロットを加えて手早く混ぜる。エシャロット

がきつね色になったらキノコ（ひと口大にちぎるか切ったもの）を加え，キノコの水分がなくなるまで炒める。よく混ぜること。炒める時間は使うキノコの水分量によって異なるが，およそ3～5分。

6. 火を止めたら5にトリュフの皮とパセリを加え，常温でとっておく。
7. ジャガイモをやわらかくなるまでゆでる。湯から取り出したらペーパータオルなどで軽く押さえて水分を切り，丁寧につぶす。ある程度形は残しておくこと。
8. 深い鍋でキャノーラ油を180℃に熱し，7を入れてかりっと揚げたら鍋から取り出し，ペーパータオルを敷いた皿に置いて塩，コショウで味つけする。
9. 鍋のキャノーラ油を再び180℃に熱し，パン粉をつけた3の卵を1～2個ずつ入れてきつね色になるまで揚げる。揚げた卵は8のジャガイモと同じ皿に置き，塩，コショウで味つけする。
10. フリゼレタスを洗って先端の濃い緑色の部分を切り取り，ひと口大に切る。
11. レタスとトリュフチーズ（削ぐか細かく砕いたもの）をサラダボウルに入れ，オリーブオイル，塩，コショウ，しぼったレモン果汁少々をかけて味つけする。
12. 皿の中央に炒めたキノコを盛り，その上に11をのせ，周囲に揚げたジャガイモを飾る。卵は果物ナイフで真ん中に切れ目を入れてから手でゆっくりと割る。黄身が流れ出すはずだ。この卵をサラダの一番上にのせ，みじん切りにしたチャイブと削いだトリュフを振りかける。完成したらすぐに食卓に運ぶ。

………………………………………

### ◉黒トリュフのラビオリ　フォアグラソース添え

本書第6章に登場したイアン・パーカヤズサのレシピ。彼がトリュフに夢中になるきっかけとなった。

（6人分）

ユーコン・ゴールドポテト（大）…3個（なければ澱粉量が少なく透明がかったやわらかなジャガイモ）
バター…20*g*(できればトリュフバター)
小麦粉…600*g*（できれば最も精製度が高い00〈ゼロゼロ〉粉）と別に少量（カッティングボードに振るのに使う）
卵…5個
卵黄…1個分
エクストラ・バージン・オイル…大さじ1
新鮮な冬の黒トリュフ…120*g*
フォアグラ・トルション［布で包んだフォアグラ］…200*g*
ダブル・クリーム［乳脂肪分が48パーセントのクリーム］…1カップ（225*ml*）
甘口のワイン（トカイアスーなどはよく合う）…⅓カップ（75*ml*）

1. ラビオリの詰め物を作る。大きめの鍋に水5カップ（1.2リットル）を入れ，ジャガイモをやわらかくなるまでゆでる。その後鍋から取り出して皮を剝き，マッシュポテトにする。バターを加えてよく混ぜ，しばらくそのまま冷ます。
2. パスタを作る。ふるいにかけた小麦粉，卵5個，卵黄，オイルをフードプロセッサーにしっかりかける。これを，小麦粉を振ったカッティングボードで薄く引き伸ばす（パスタメーカーに入るくらいの薄さ）。
3. トリュフ30*g*を丸い形に削ぐ。1を，少々間隔を開けてパスタシートの半分に並べていき（約5*cm*の円形にする），削いだトリュフを1～2枚ずつトッピングする。
4. ボウルで卵黄1個分をしっかり溶き，パスタシートの表面が出ている部分に刷毛で塗る。
5. シートの詰め物がのっていない側を折って生地を重ねる。四隅を合わせてきれいに合わせること。その後，クッキーの型抜きでラビオリ生地をくり抜いていく。
5. 大きな鍋に10カップ（2.3リットル）の水を入れて沸騰させ，ラビオリを入れて2分ゆでる。ゆであがったら，ラビオリとゆで汁½カップ（110*ml*）を新しい鍋に移す。
6. フォアグラソースを作る。フォアグラ・オ・トルション［フォアグラを布巾につつんで整形したもの］を半分に切る。その半分をラップに包んで冷蔵庫で冷やしておく。もうひとつの塊はフライパンに入れ，クリームとワインを足して，完全に混ざるまで中火で煮込む。これをスプーンですくってゆでたラビオリにかける
7. ラビオリの上で黒トリュフの残りと冷蔵庫で冷やしておいたフォアグラをけずり，食卓に出す。

……………………………………………

### ◉ソース・ペリグルディーヌ

トリュフの味を楽しむことができ，さまざまな応用が利く。本書に登場したトリュフ専門の細菌学者イアン・ホール博士が料理のベースに使うレシピだ。

1. トリュフ1*kg*をよく洗って土を落とす。これを大きな鍋に入れ，ポートワイン250*ml*，マデイラ・ワイン250*ml*，濃いビーフストック（牛肉のだし汁）5リットルを加えて火にかける。沸騰したら弱火にして15分煮込む。このスープはトリュフの味がよく染みており，多くのレシピに応用できる。後日使用する分は，保存瓶に入れて蓋をしっかり閉めて，熱湯で15～20分殺菌しておく。
2. 1のスープ500*ml*と濃いビーフストック500*ml*を大きな鍋に入れて半分の量になるまで煮る。
3. 2にマデイラ・ワイン100*ml*ときざんだトリュフ大さじ2を加え，塩で味つけしたら完成。ソースにとろみが足りない場合はマデイラ・ワインにア

ロールート（葛ウコン）澱粉を少量混ぜる。

---

### ◉オレゴン産冬の白トリュフで出汁をとった醤油スープで食べる，ダイバーズスカロップ蕎麦

シェフのデイヴィッド・ワーク（www.fiddlehead.smugmug.com）の，生唾が出そうなレシピ2種。雑誌『*Fugi*』の特集記事用に考案され，ある大晩餐会で披露された。

材料1：蕎麦。麺を熱湯でゆでる。ほぼゆであがったらニンジンをスライサーで長く細切りにしたものを加える。湯を切って，別の温かい湯でゆすぐ。麺を冷やさないこと。これを人数分に分けて器に盛る。

材料2：スープ。濃いチキンストックをひとり当たり60～90*ml*温め，ふつうの濃さの醤油を数滴加える。薄く切ったオレゴン産冬の白トリュフを入れて数分煮込む。解凍したトリュフを使う場合は，パッケージに入った汁をスープに加える。ニンニクの茎をごく細く削いだものと春タマネギ（またはチャイブ）を，味を調整しながら加えていく。

材料3：ホタテ（スカロップ）。私が使ったのは大ぶりのきれいなホタテだ。5, 6個で450*g*くらいだったと思う。（ところで，晩餐会ではホタテにあるサプライズを仕込んだ。前夜，ホタテの底に小さな切り込みを入れて冬の白トリュフの切れ端を埋め込んだのだ。こうすれば，一晩でホタテにトリュフの味を染み込ませることができる。これは試してみる価値があり，結果といてよいディナーになったと思う。ゲストはこのサプライズに気づかなかったかもしれないが）。調理する直前にフルール・ド・セルまたはコーシャーソルト（粗塩），挽き立ての黒コショウでホタテ（ひとりにつき1個）を味つけする。フライパンにオリーブオイルまたはグレープシードオイル少々を引いて熱し，ホタテの両面を焼く。このとき，中央部分はミディアムレアになるようにする。

蕎麦にホタテをのせ，スープを椀に注ぎ入れる。

---

### ◉トリュフのアイスクリーム

アイスクリームはトリュフの味を染み込ませるために前夜から準備する必要がある。また，攪拌する前にはできるだけ冷やしておくこと。

卵黄…14個
砂糖…¾カップ（150*g*）
牛乳…2カップ（450*ml*）
ダブル・クリーム…0.9リットル
オレゴン産黒トリュフ…5～6個

1. アイスクリームには基本的にバニラシードではなくクレーム・アングレー

ズを使う。大きめのボウルに卵黄と分量の半分の砂糖を混ぜて濃い黄色になるまで混ぜる。

2. 牛乳とクリーム，残りの砂糖，トリュフをフライパンに入れてじっくりと煮込む。
3. 1をゴムベラで混ぜながら2を少量足してゆっくりと混ぜ入れる。かき混ぜながら再度少量を足し，3度目は残りをすべて加える。熱湯を張った鍋にボウルを置き，ゆっくりと混ぜ続ける（二重鍋でもいい。この作業の目的はボウルの中身をスクランブルエッグのように固めることではなく，じわじわと熱を加えて滑らかなソースを作ることだ）。
4. ソースをヘラですくって8の字を書いてみる。書き始めの部分がソースに溶け込む前に書き終えたら，鍋からボウルを取り出して今度は冷水の入った容器につけて素早く冷やす（急いで冷やさないと卵の白身が固くなりすぎてしまう）。
5. トリュフは3のカスタードに一晩つけておく。カスタードをアイスクリームメーカーに入れる前に（メーカーによって操作が異なるので確認してから使う）トリュフを取り出し，みじん切りにして取っておく。アイスクリームが完成したら，まだやわらかいうちにきざんだトリュフを交ぜ入れ，冷蔵庫で冷やしてしっかり固める。
6. アイスクリームにはシンプルなシュガークッキーと，トリュフ入りのホイップクリームを入れたコーヒーを添える。このホイップクリームは，オレゴン産黒トリュフをきざんでダブル・クリームと混ぜ，砂糖で味を調えてから泡立てたものだ。

ザッカリー・ノワク（Zachary Nowak）
環境史家。19世紀のアメリカ史が専門。食の歴史の研究も行ない，現在はイタリア中部の都市ペルージャのアンブラ研究所で，アソシエイト・ディレクターとして食物研究プログラムに従事している。これまでにパブロ・ペラーディの『*Why Architects Still Draw*』の翻訳，アントニオ・マトッツィの『*Inventing the Pizzeria*』の翻訳・編集などを手がけた。

富原まさ江（とみはら・まさえ）
2000年，エリザベス・ストラウト『目覚めの季節～エイミーとイザベル』（DHC刊）で翻訳者デビュー。これまでに小説，絵本，エッセイ，音楽・映画・美術関連本など40冊以上の翻訳を手がけている。

*Truffle: A Global History* by Zachary Nowak
was first published by Reaktion Books in the Edible Series, London, UK, 2015


「食」の図書館

**トリュフの歴史**

●

*2017* 年 *10* 月 *20* 日　第 *1* 刷

**著者**……………ザッカリー・ノワク
**訳者**……………富原まさ江
**装幀**……………佐々木正見
**発行者**……………成瀬雅人
**発行所**……………株式会社原書房

〒 160-0022 東京都新宿区新宿 1-25-13
電話・代表 03(3354)0685
振替・00150-6-151594
http://www.harashobo.co.jp

**印刷**……………新灯印刷株式会社
**製本**……………東京美術紙工協業組合


ISBN 978-4-562-05410-7, Printed in Japan

## ミルクの歴史 《「食」の図書館》
ハンナ・ヴェルテン／堤理華訳

おいしいミルクには波瀾万丈の歴史があった。古代の搾乳法から美と健康の妙薬と珍重された時代、危険な「毒」と化したミルク産業誕生期の負の歴史、今日の隆盛までの人間とミルクの営みをグローバルに描く。 2000円

## ジャガイモの歴史 《「食」の図書館》
アンドルー・F・スミス／竹田円訳

南米原産のぶこつな食べものは、ヨーロッパの戦争や飢饉、アメリカ建国にも重要な影響を与えた！ 波乱に満ちたジャガイモの歴史を豊富な写真と共に探検。ポテトチップス誕生秘話など楽しい話題も満載。 2000円

## スープの歴史 《「食」の図書館》
ジャネット・クラークソン／富永佐知子訳

石器時代や中世からインスタント製品全盛の現代までの歴史を豊富な写真とともに大研究。西洋と東洋のスープの決定的な違い、戦争との意外な関係ほか、最も基本的な料理「スープ」をおもしろく説き明かす。 2000円

## ビールの歴史 《「食」の図書館》
ギャビン・D・スミス／大間知知子訳

ビール造りは「女の仕事」だった古代、中世の時代から近代的なラガー・ビール誕生の時代、現代の隆盛までのビールの歩みを豊富な写真と共に描く。地ビールや各国ビール事情にもふれた、ビールの文化史！ 2000円

## タマゴの歴史 《「食」の図書館》
ダイアン・トゥープス／村上彩訳

タマゴは単なる食べ物ではなく、完璧な形を持つ生命の根源、生命の象徴である。古代の調理法から最新のレシピまで人間とタマゴの関係を「食」から、芸術や工業デザインほか、文化史の視点までひも解く。 2000円

（価格は税別）

## 鮭の歴史　《「食」の図書館》

ニコラース・ミンク／大間知知子訳

人間がいかに鮭を獲り、食べ、保存（塩漬け、燻製、缶詰ほか）してきたかを描く、鮭の食文化史。アイヌを含む日本の事例も詳しく記述。意外に短い生鮭の歴史、遺伝子組み換え鮭など最新の動向もつたえる。　２０００円

## レモンの歴史　《「食」の図書館》

トビー・ゾンネマン／高尾菜つこ訳

しぼって、切って、漬けておいしく、油としても使えるレモンの歴史。信仰や儀式との関係、メディチ家の重要な役割、重病の特効薬など、アラブ人が世界に伝えた果物には驚きのエピソードがいっぱい！　２０００円

## 牛肉の歴史　《「食」の図書館》

ローナ・ピアッティ＝ファーネル／富永佐知子訳

人間が大昔から利用し、食べ、尊敬してきた牛。世界の牛肉利用の歴史、調理法、牛肉と文化の関係等、多角的に描く。成育における問題等にもふれ、「生き物を食べること」の意味を考える。　２０００円

## ハーブの歴史　《「食」の図書館》

ゲイリー・アレン／竹田円訳

ハーブとは一体なんだろう？　スパイスとの関係は？　それとも毒？　答えの数だけある人間とハーブの物語の数々を紹介。人間の食と医、民族の移動、戦争…ハーブには驚きのエピソードがいっぱい。　２０００円

## コメの歴史　《「食」の図書館》

レニー・マートン／龍和子訳

アジアと西アフリカで生まれたコメは、いかに世界中へ広がっていったのか。伝播と食べ方の歴史、日本の寿司や酒をはじめとする各地の料理、コメと芸術、コメと祭礼など、コメのすべてをグローバルに描く。　２０００円

（価格は税別）

ウイスキーの歴史　《「食」の図書館》
ケビン・R・コザー／神長倉伸義訳

ウイスキーは酒であると同時に、政治であり、経済であり、文化である。起源や造り方をはじめ、厳しい取り締まりや戦争などの危機を何度もはねとばし、誇り高い文化にまでなった奇跡の飲み物の歴史を描く。２０００円

豚肉の歴史　《「食」の図書館》
キャサリン・M・ロジャーズ／伊藤綺訳

古代ローマ人も愛した、安くておいしい「肉の優等生」豚肉。豚肉と人間の豊かな歴史を、偏見／タブー、労働者などの視点も交えながら描く。世界の豚肉料理、ハム他の加工品、現代の豚肉産業なども詳述。２０００円

サンドイッチの歴史　《「食」の図書館》
ビー・ウィルソン／月谷真紀訳

簡単なのに奥が深い…サンドイッチの驚きの歴史！「サンドイッチ伯爵が発明」説を検証する、鉄道・ピクニックとの深い関係、サンドイッチ高層建築化問題、日本の総菜パン文化ほか、楽しいエピソード満載。２０００円

ピザの歴史　《「食」の図書館》
キャロル・ヘルストスキー／田口未和訳

イタリア移民とアメリカへ渡って以降、各地の食文化に合わせて世界中に広まったピザ。本物のピザとはなに？世界中で愛されるようになった理由は？　シンプルに見えて実は複雑なピザの魅力を歴史から探る。２０００円

パイナップルの歴史　《「食」の図書館》
カオリ・オコナー／大久保庸子訳

コロンブスが持ち帰り、珍しさと栽培の難しさから「王の果実」とも言われたパイナップル。超高級品、安価な缶詰、トロピカルな飲み物など、イメージを次々に変えて世界中を魅了してきた果物の驚きの歴史。２０００円

**（価格は税別）**

## リンゴの歴史《「食」の図書館》
エリカ・ジャニク著　甲斐理恵子訳

エデンの園、白雪姫、重力の発見、パソコン…人類最初の栽培果樹であり、人間の想像力の源でもあるリンゴの驚きの歴史。原産地と栽培、神話と伝承、リンゴ酒（シードル）、大量生産の功と罪などを解説。　２０００円

## ワインの歴史《「食」の図書館》
マルク・ミロン著　竹田円訳

なぜワインは世界中で飲まれるようになったのか？　8千年前のコーカサス地方の酒がたどった複雑で謎めいた歴史を豊富な逸話と共に語る。ヨーロッパからインド／中国まで、世界中のワインの話題を満載。　２０００円

## モツの歴史《「食」の図書館》
ニーナ・エドワーズ著　露久保由美子訳

古今東西、人間はモツ（臓物以外も含む）をどのように食べ、位置づけてきたのか。宗教との深い関係、高級食材でもあり貧者の食べ物でもあるという二面性、食料以外の用途など、幅広い話題を取りあげる。　２０００円

## 砂糖の歴史《「食」の図書館》
アンドルー・F・スミス著　手嶋由美子訳

紀元前八千年に誕生したものの、多くの人が口にするようになったのはこの数百年にすぎない砂糖。急速な普及の背景にある植民地政策や奴隷制度等の負の歴史もふまえ、人類を魅了してきた砂糖の歴史を描く。　２０００円

## オリーブの歴史《「食」の図書館》
ファブリーツィア・ランツァ著　伊藤綺訳

文明の曙の時代から栽培され、多くの伝説・宗教で重要な役割を担ってきたオリーブ。神話や文化との深い関係、栽培・搾油・保存の歴史、新大陸への伝播等を概観、また地中海式ダイエットについてもふれる。　２２００円

**（価格は税別）**

## ソースの歴史　《「食」の図書館》
メアリアン・テブン著　伊藤はるみ訳

高級フランス料理からエスニック料理、B級ソースまで…世界中のソースを大研究！　実は難しいソースの定義、進化と伝播の歴史、各国ソースのお国柄、「うま味」の秘密など、ソースの歴史を楽しくたどる。　2200円

## 水の歴史　《「食」の図書館》
イアン・ミラー著　甲斐理恵子訳

安全な飲み水の歴史は実は短い。いや、飲めない地域は今も多い。不純物を除去、配管・運搬し、酒や炭酸水として飲み、高級商品にもする…古代から最新事情まで、水の驚きの歴史を描く。　2200円

## オレンジの歴史　《「食」の図書館》
クラリッサ・ハイマン著　大間知知子訳

甘くてジューシー、ちょっぴり苦いオレンジは、エキゾチックな富の象徴、芸術家の霊感の源だった。原産地中国から世界中に伝播した歴史と、さまざまな文化や食生活に残した足跡をたどる。　2200円

## ナッツの歴史　《「食」の図書館》
ケン・アルバーラ著　田口未和訳

クルミ、アーモンド、ピスタチオ…独特の存在感を放つナッツは、ヘルシーな自然食品として再び注目を集めている。世界の食文化にナッツはどのように取り入れられていったのか。多彩なレシピも紹介。　2200円

## ソーセージの歴史　《「食」の図書館》
ゲイリー・アレン著　伊藤綺訳

古代エジプト時代からあったソーセージ。原料、つくり方、食べ方…地域によって驚くほど違う世界中のソーセージの歴史。馬肉や血液、腸以外のケーシング（皮）などの珍しいソーセージについてもふれる。　2200円

（価格は税別）

## 脂肪の歴史《「食」の図書館》
ミシェル・フィリポフ著　服部千佳子訳

絶対に必要だが嫌われ者…脂肪。油、バター、ラードほか、おいしさの要であるだけでなく、豊かさ（同時に「退廃」）の象徴でもある脂肪の驚きの歴史。良い脂肪／悪い脂肪論や代替品の歴史にもふれる。　２２００円

## バナナの歴史《「食」の図書館》
ローナ・ピアッティ＝ファーネル著　大山晶訳

誰もが好きなバナナの歴史は、意外にも波瀾万丈。栽培の始まりから神話や聖書との関係、非情なプランテーション経営、「バナナ大虐殺事件」に至るまで、さまざまな視点でたどる。世界のバナナ料理も紹介。　２２００円

## サラダの歴史《「食」の図書館》
ジュディス・ウェインラウブ著　田口未和訳

緑の葉野菜に塩味のディップ…古代のシンプルなサラダがヨーロッパから世界に伝わるにつれ、風土や文化に合わせて多彩なレシピを生み出していく。前菜から今ではメイン料理にもなったサラダの驚きの歴史。　２２００円

## パスタと麵の歴史《「食」の図書館》
カンタ・シェルク著　龍和子訳

イタリアの伝統的パスタについてはもちろん、悠久の歴史を誇る中国の麵、アメリカのパスタ事情、アジアや中東の麵料理、日本のそば／うどん／即席麵など、世界中のパスタと麵の進化を追う。　２２００円

## タマネギとニンニクの歴史《「食」の図書館》
マーサ・ジェイ著　服部千佳子訳

主役ではないが絶対に欠かせず、吸血鬼を撃退し血液と心臓に良い。古代メソポタミアの昔から続く、タマネギやニンニクなどのアリウム属と人間の深い関係を描く。暮らし、交易、医療…意外な逸話を満載。　２２００円

**（価格は税別）**